改革开放四十年
农田水利工程成效分析

刘英杰 著

U0217587

中国水利水电出版社
www.waterpub.com.cn
·北京·

内 容 提 要

本书系统论述了我国改革开放四十年农田水利建设的发展历程，并对我国农田水利建设的基本情况和成就进行总结，对农田水利建设的工程效益进行分析，全书内容翔实，实用性和针对性较强。全书共分四章，内容包括概述、改革开放四十年中国农田水利的建设发展、改革开放四十年中国农田水利工程效益统计分析、农田水利建设成就及展望。

本书适用水利行业的相关人员阅读参考。

图书在版编目（CIP）数据

改革开放四十年农田水利工程成效分析 / 刘英杰著
. -- 北京：中国水利水电出版社，2022.12
ISBN 978-7-5226-1196-9

Ⅰ. ①改… Ⅱ. ①刘… Ⅲ. ①农田水利－水利建设－
研究－中国 Ⅳ. ①S279.2

中国国家版本馆CIP数据核字(2023)第000820号

书　　　名	**改革开放四十年农田水利工程成效分析** GAIGE KAIFANG SISHI NIAN NONGTIAN SHUILI GONGCHENG CHENGXIAO FENXI
作　　　者	刘英杰　著
出 版 发 行	中国水利水电出版社 （北京市海淀区玉渊潭南路 1 号 D 座　100038） 网址：www.waterpub.com.cn E-mail：sales@mwr.gov.cn 电话：(010) 68545888（营销中心）
经　　　售	北京科水图书销售有限公司 电话：(010) 68545874、63202643 全国各地新华书店和相关出版物销售网点
排　　　版	中国水利水电出版社微机排版中心
印　　　刷	天津嘉恒印务有限公司
规　　　格	184mm×260mm　16 开本　8 印张　240 千字
版　　　次	2022 年 12 月第 1 版　2022 年 12 月第 1 次印刷
印　　　数	0001—1000 册
定　　　价	**68.00 元**

凡购买我社图书，如有缺页、倒页、脱页的，本社营销中心负责调换

版权所有·侵权必究

前　言

　　农，天下之大业也。农田水利基本建设是党领导下我国广大劳动人民为农业生产服务的伟大创造，能够为农村农业发展提供不竭的强大动力，推动我国特色社会主义事业不断开创新局面。

　　农田水利建设就是通过兴修为农田服务的水利设施，包括灌溉、排水除涝和防治盐、渍灾害等，建设旱涝保收、高产稳定的基本农田。其主要内容是整修田间灌排渠系，平整土地，改良低产土壤，修筑道路和植树造林等。农田水利建设的基本任务是通过兴修各种农田水利工程设施和采取其他多种措施，调节和改良农田水分状况和地区水利条件，使之满足农业生产发展的需要，促进农业的稳产高产。

　　自我国实行改革开放以来，农田水利建设进入崭新的时期。经过改革开放40年的快速发展，我国的农田水利事业取得了举世瞩目的辉煌成就。到2018年，我国耕地灌溉面积达到10.2亿亩、修建水库9万多座、泵站工程42.4万处、农村供水工程5887万处、塘坝和窖池工程22万个。这些成就是在党和人民政府坚持马克思主义原则，实事求是，以人民利益为中心并在治水实践中不断调整治水方针和策略，尤其是根据人民的需要不断完善中取得的。

　　经过广大人民群众的艰苦奋斗，我国农田水利事业有了飞跃的发展，创造了许多光辉的业绩，同时也积累了许多宝贵的经验。为适应建设现代新型农田水利工作的需要，全面系统地总结我国农田水利建设的经验和教训显得尤为必要。本书在搜集、分析大量资料的基础上，按照我国社会经济发展的不同阶段，系统论述了我国农田水利建设的政策变化、发展历程，并对我国各省（自治区、直辖市）农田水利建设的基本情况、成就进行总结，从灌溉面积和农业总产值发展的角度对改革开放40年来我国各省（自治区、直辖市）农田水利建设的工程效益进行分析，并力求史实准确，做到既有实用性又有针对性。

　　由于水平有限，如若有错误或者遗漏，恳请广大读者加以指正。

作者

2022年6月

目 录

第一章 概 述

第一节 我国农田水利设施的现状

中国位于亚洲东部，地势西高东低，季风气候明显。降水季节集中，年际变化很大，地区分布不均。东南沿海地区年降水量约 1800mm，西北不及 200mm。水资源主要来自大气降水，年平均总量为 28100 亿 m³，居世界第六位。中国雨热同步的气候条件、江河的丰沛水资源及江河中下游的广大冲积平原，都给中华民族的繁衍发展带来了有利条件。但水土资源的开发也伴随着与水旱灾害的斗争。人口的增长又增大了对水土资源开发的压力，人均占有水资源量仅为世界人均值的 1/4，特别是水资源与土地资源的分布不相协调，造成南方水多而耕地少，北方水少而耕地多。如长江及其以南地区，江河径流量占全国的 83%，但耕地只占 33%；长江以北地区，耕地占全国的 67%，但江河径流量仅占17%。我国大部分地区降水的年内和年际分配不均，须建设必要的农田水利设施予以调节，以提高农业综合生产能力的基础性工作和保障条件。

由于我国人口多，耕地少，水旱灾害频发，长期以来，我国的粮食供应问题一直处于紧张状态。古代统治者虽然重视农田水利的发展，然而在两千多年的封建社会中，生产力未出现革命性的变革，农田水利工程的规模、形式以及勘测、设计、施工技术和水利管理水平，虽历代均有改进，但始终未能出现重大的突破。近代以来，通过努力吸收、利用西方先进水利技术，兴修了一些水利工程，但在帝国主义侵略政策和腐朽的社会制度束缚下，水利建设总体呈衰败趋势，特别是在国民政府时期，连年战争的破坏使得农田水利基础设施更加衰败，加上政府对农田水利建设的不重视，导致农业生产在严重的自然灾害面前不堪一击，农业产量无法得到有效保障，给新中国农业生产的发展和人民的生产生活带来了重大影响。中华人民共和国成立初期，国贫民弱，山河破碎，水利设施寥寥无几，全国只有水库 1200 多座，堤防 4.2 万 km，大江大河基本没有控制性工程，监测预报等手段几近空白。

中华人民共和国成立后，针对国家薄弱的农田水利基础设施，党和中央在政策方面予以倾斜，这些政策对农田水利工程的修建以及农田水利工程的管理维护都做了具体指示，有效促进了农田水利运动中的建设工作。1957 年党中央、国务院提出"必须切实贯彻执行小型为主、中型为辅、必要和可能的条件下兴修大型水利工程的建设方针"，并提出"还必须注意掌握巩固与发展并重、兴建与管理并重、数量与质量并重的总原则"。❶ 在大跃进时期，农田水利建设飞速发展，在连续多年的冬春修筑中，出动劳力达上亿人，动工

---

❶ 张岳：《新中国水利五十年》，引自《水利经济》，2000 年第 3 期。

兴建之多和完成上石方数量之巨，均前所未有，在全国各地修建了很多大型水体和大型灌区，中小型农田水利工程数不胜数，为这些地区的灌溉事业发展发挥了很大作用。但在"文化大革命"期间，全国的农田水利事业陷入全方位的混乱，农田水利事业的发展势头被扼杀，水利行政部分陷于瘫痪，水利工作停滞甚至倒退，损失巨大。1970年，周恩来主持中央经济工作，召开北方农业会议，会上强调要重视农田水利事业，由此中国农田水利事业开始从"文化大革命"中的停滞状态恢复发展。1976年"四人帮"反革命集团的粉碎，标志着"文化大革命"的结束，全国人民为之欢欣鼓舞，从而将巨大的热情投入到国家的各项建设中去。1977—1979年，连续3年，每年都召开一次全国农田水利会议，使全国农田基本建设得到了迅速发展。经过30余年的发展，农田水利建设取得了辉煌成就，全国建成大中小水库85400多座，总库容4200亿 m^3，增强了防洪排涝、抵御旱灾的能力，使得灌溉农田得到了最基本的保障，极大促进了农田水利事业的发展。

中国作为农业大国，农村、农民、农业的发展一直是农村经济发展的根本。农业是支持社会发展的重要支柱，农田水利是农业的命脉，是农业发展的物质基础，是农村经济、农村社会发展的重要基础设施。而农田水利建设则是保障农业生产正常进行的必要措施。

同时，由于我国水资源分布很不均匀的原因，使农业生产与发展的进程太过缓慢且差距较大，也阻碍了农业生产能力的提高和农业经济的发展。通过结合灌溉区的水资源情况进行全面具体的分析，以加强农田水利工程建设的合理性与力度，就能够很好地解决这一问题。并为农业生产与发展提供长久的灌溉系统，从根本上满足了农业生产与发展对水资源的需求。以此有效地促进农村经济的发展和农业生产的稳定前进。

另一方面，农田水利工程的建设通过促进节水灌溉技术的发展，来提高农业生产的灌溉效率与生产效益，并解决了农业生产中水资源浪费的问题。另外，合理的农田水利工程不仅能够对抗自然灾害，也能保障农作物的生长和质量，以此提高广大群众的实际利益，为实现社会主义和谐社会做出贡献。

对农田水利工程进行成效分析，有利于全面具体地分析农田水利工程所带来的成果及其合理性；有利于其结果的差别与对比分析，对工程或农田的其他方面提出更经济有效的整改建议；有利于进行相关经济、社会等的分析，来评价农田水利工程的经济效果，并反映出有无灌溉或经过工程改造后，农作物产量和质量的提高以及产值的增加情况，以便有效地缓解水资源紧缺的问题。因此，对农田水利工程进行成效分析，有利于农田水利工程的长期稳定的良好发展，以此提高农业生产与发展的进程，加快农村经济的发展，提升农民的生活水平。

改革开放以来，国家经历了40年的发展，农田水利工程也不断在新建、改造与发展。在这40年中，每年都有不同数量的新水利工程开工、在建工程的建设以及规划要建的工程，其中包括供水工程、节水工程、蓄水工程、小型工程、中型工程、大型工程等各种水利工程，而且随着国家的发展，水利工程也在快速发展中，其建设数量也在不断增加，本次仅对农田水利工程的发展状况以此进行整理分析。

2016年是"十三五"规划的开局之年，国家新开工了21项节水供水重大水利工程，在建工程的投资规模超过8000亿元，新增的高效节水灌溉面积达到2182万亩，更加凸显了水利工程建设对现代经济社会发展的作用及对民生福利的支撑保障，实现了"十三五"水利工作的良好开局。截至 2018 年年底，年度中央水利投资计划完成率达到 94.9%，其中，重大工程、其他项目投资计划完成率分别达到 95.6% 和 94.2%，均超额完成年度目标。全国有 22 个省（自治区、直辖市）完成年度投资超过 60%，其中天津市、辽宁省、黑龙江省、安徽省、江西省、湖北省、湖南省、广西壮族自治区、海南省、甘肃省、青海省等 11 个省（自治区、直辖市）完成投资 80% 以上，质量效益同比大幅提升。

在党和政府的领导下，经过 40 年的发展，我国的农田水利事业取得了长足的发展，极大增强了防洪排涝、抗旱、灌溉的能力，水资源节约保护不断加强，农田水利改革创新不断深化，确保了国家粮食安全。

第二节　农田水利工程建设的重要意义

中国作为农业大国，农村、农民、农业的发展一直是农村经济发展的根本。农田水利是农业的命脉，是农业发展的物质基础，是农村经济、农村社会发展的重要基础设施。农田水利事业的发展，能够为我国农业生产的稳步发展和人民生活的改善提供重要的物质保证。

从我国的具体国情来看，由于我国人口众多、耕地较少，同时水资源分布又不平衡，因此国家面临着粮食短缺的挑战。农业是保证我国经济发展的根基，水是稳定农业发展的根本，正源于水资源对农业的重要影响，需要进行农田水利设施建设，从而将水资源进行合理分配，实现农作物水资源的良好供给，进而实现农作物的产量保证，实现国家粮食生产安全的目的。下面将从几个方面来说明加快农田水利建设的必要性和紧迫性。

一、农田水利工程是提高农业综合生产能力的基础

由于受气候和地形的影响，我国各地区降雨量部分十分不均，北方地区水资源短缺，干旱威胁严重，制约农业生产；南方水资源丰富，但多发生洪涝灾害，通过农田水利工程，可以缓解和解决这些问题，做到旱能浇、涝能排，降低灾害性天气对农业生产、农业生活、人类安全的危害，实现农作物的增产增收，从而提高农业的综合生产能力。

二、农田水利工程是社会稳定发展的重要举措

农业的发展离不开农田水利设施的完善，农田水利设施的建设可以有效改善农村的各项基础设施建设，完善农民的生产和用地条件，保证农业的丰产增收，促进国民经济持续发展，维护社会安定团结。

三、农田水利工程是国家粮食安全的基石

我国是农业大国，农业是国民经济的重要组成部分，确保粮食安全生产是国民经济发展、社会稳定的基石。农田水利工程打破了"靠天吃饭"的局面，优化了水资源配置，促进农田对水资源的高效利用，使粮食产量大幅度提高，保证了国家粮食安全。

四、农田水利工程是现代农业发展的前提

现代农业是人口与社会环境及社会资源全面发展的农业结构类型，现代农业的发展依赖于水利基础设施和设备，合理配置的水资源，提高水资源利用率，改善农业生产高耗能、低生产等状况，调整农田土地结构，促进农田水利和现代化技术的融合发展，提升农业生产的现代化建设，促进现代农业发展。

总之，农田水利工程在农业生产中起着至关重要的作用，加快农田水利工程建设，是促进农业稳定发展的重大举措，是经济社会发展的基本支撑，是生态环境改善的重要保障。

第二章　改革开放四十年中国农田水利的建设发展

1978 年，我国开始实行改革开放，经济形势逐渐好转，农田水利建设进入快速发展时期。1978 年 6 月，钱正英部长在全国水利管理会议上指出："学大寨，赶先进，整顿加强水利管理，迎接水利新跃进。"通过这次会议，推动了全国水利管理工作，使农田水利管理得到了恢复和加强。1979 年中共中央着眼于纠正经济工作中的"左"倾错误影响，提出对国民经济实行"调整、改革、整顿、提高"的政策，水利方针调整为"搞好续建配套，加强经营管理，狠抓工程实效；抓紧基础工作，提高科学水平，为今后发展做好准备"。

一、80 年代

随着对农田水利建设政策的拨乱反正，各省市水利建设快速发展。1977—1979 年，甘肃省逐步加大对水利建设的投入，多层次、多渠道的集资，在水利灌溉和设备改造方面都有了长足的发展。1977—1979 年，三年时间甘肃省靖远县完成土石方 510 亿 m^3，平整土地 3.5 亿亩，增加灌溉面积 3000 万亩，除涝面积 1600 万亩，增加机电排演动力 1500 多万马力，同时对大量的中小型水利进行维修、加固和配套，以及修建了大量田间工程。截至 1979 年，甘肃省敦煌县❶的灌溉面积达到 30 多万亩，农村人均经济收入增加到 296 元。

1980 年水利电力部向国务院作了《关于三十年来水利工作的基本经验和今后意见的报告》，比较深刻、系统地清算了"左"的指导思想对水利事业的影响，并提出了今后的努力方向。1981 年全国水利管理会议上又进一步提出："把水利工作重点转移到管理上来，要把加强管理贯彻到各个方面，首先是加强现有工程的管理，逐步有所提高。"在 1983 年全国水利会议上，更明确地把"加强经营管理，讲究经济效益"定为今后水利建设的方针。同时，连续多年颁发中央一号文件重视农业基础设施建设，这有力地促进了农村水利事业的发展。

在此期间，党在农村除适当放宽自留地、家庭副业和集市贸易的限制，提倡因地制宜地发展多种经营外，其重要决策之一，就是普遍建立各种形式的农业生产责任制，改进劳动计酬办法。这一牵动亿万群众的深刻而复杂的变革，迫切要求农田水利工作也相应地进行变革。为此，国家农委于 1981 年 7 月批转了水利部《关于在全国加强农田水利工作责任制的报告》，水利部农田水利司又于 1982 年、1983 年分南北两片分别召开落实农田水利责任制的座谈会。在农田水利管理上，根据工程类别、规模和生产队管理体制的不同，分别实行综合承包、专业承包、单项承包、定户定人承包等不同形式的责任制；在建设

---

❶　1987 年 8 月，经国务院批准敦煌县改为县级市。

上，分别实行合同制、不同形式的承包制和定额计酬加奖励的办法。这基本上适应了农业生产体制变革的要求。1984年水利电力部召开了全国水利改革座谈会，在总结近几年各地实践经验的基础上，提出了"全面服务，转轨变型"。要求水利工作进行三个转变，即：从以为农业服务为主转到为社会经济全面服务为主的思想；从不讲投入产出转到以提高经济效益为中心的轨道；从单一生产型转到综合经营型。并把"两个支柱（调整水费和开展多种经营）、一把钥匙（实行多种不同形式的经济责任制）"作为搞好水利管理、提高工程经济效益的中心环节来抓。❶

各省地市纷纷响应中央政策，逐步加强了对农田水利基本建设的投入及改革。江苏省大力加强农田水利工作的领导，狠抓规划，严格执行有关政策，重视技术指导，管好用好资金，坚持不懈地进行农田水利建设，面貌变化很大。全省建成了防洪、挡潮、抗旱、排涝、降渍五套工程体系，为粮棉大幅度增产提供了水利保证；山西省长子县，探索水利改革的途径，他们按水系、灌区为单元设置水利、水保服务中心，实行承包责任制，水利局与服务中心，服务中心与水利专业队，水利专业队与受益户分别签订合同，从上到下建立起一种新的水利体系。办起服务中心后，群众反映说：如今农村干部省心、专业户操心、受益户用水放心；河南省密县，在农业生产大包干之后，大胆改革，对水利管理组织和水利设施，像管理企业那样来管理，供水收费，用水交钱。他们进行成本核算，合理确定水费标准，并坚持提取设备折旧费，建立专户专账存入银行，使设备大修和更新资金都有了着落。同时，狠抓农田水利工程标准化建设，不仅工程管得好，用得好，效益发挥得好，而且做到了工程配套齐全，面貌好；四川省巴中市，在农田水利建设实行承包合同制、技术联产的岗位责任制之后，干部职工和农民群众治水的积极性、水利建设的劳动效率、施工质量和投资效果大幅提高。❷

20世纪70年代末至80年代初期，伴随着农村经济体制改革工作的全面展开，农民的劳动效率大大提高，同时也出现了一些问题。针对家庭承包制开始的初期，一些地方出现的填井、破坏渠道私分变卖机电设备等一系列破坏水利工程的行为，水利部强调要加强责任制。1981年，国家农委批转水利部《关于全国加强农田水利责任制的报告》中要求："在农田水利管理上根据工程类别、规模和基层管理体制的不同，实行综合承包、单项承包、定户定人承包等不同形式的责任制，在建设上，实行合同制、承包制等办法。"❸

1985年，国务院办公厅转发水利电力部《关于改革工程管理体制和开展综合经营报告的通知中》指出："在改革水利管理体制上，全国大、中、小型水利工程管理单位都要实行包干使用、超支不补、结余自留的办法，各级主管部门要对所属水利工程管理单位逐个落实工程安全、综合经营等方面的经济技术考核指标和生产经营承包责任制，并与之签订经费包干和经营承包合同。增收节支获得的收入，同水利工程单位挂钩，使其有责有权有利"，同时通知中还强调"各水利部门应当把开展综合经营当作重要任务，加强经营管

---

❶ 水利部农村水利司：《新中国农田水利史略：1949—1998》，北京：中国水利水电出版社，1999年，第18页。
❷ 《1979—1987历次全国水利会议报告文件》，第391页。
❸ 水利部：《关于全国加强农田水利责任制的报告》，1981年。

理，追求经济实效，逐步创造条件，向生产经营型发展，由事业单位向企业化过渡。"❶ 这项政策的出台，对我国水利工程管理单位的发展产生了巨大的影响。

自 70 年代国家全面展开农村经济体制改革之后，市场机制发挥作用的范围越来越大，东西部地区差距也越来越大，为了协调全国范围内的均衡发展，党中央国务院在 80 年代中期制定了全面的反贫困战略，那就是"增加中央的财政投入和低息信贷资金供给，激发地区经济和农户的生产活动；实行以工代赈政策，改善贫困地区的道路、引水、农田等基础设施建设"。❷ 自 1987 年起，国家每年从收取的耕地占用金中拿出一定的比例用于土地开垦和中低田改造，提高农业综合生产能力，称之为农业综合开发，农发资金中大约有过半用于小型农田水利设施建设和配套改造。

1988 年 11 月，国务院在批转水利部《关于依靠群众合作兴修农村水利的通知》中提出了这样的意见"今后兴修水利，仍应贯彻自力更生为主，国家支援为辅的方针，实行劳动积累多层次，多渠道地兴修农村水利，国家提倡和鼓励农户或者联户按照同意规划兴修农村水利，坚持'谁建设、谁经营、谁受益'的原则；地方各级部门则是需要做好相关的服务支持，加强技术指导"。❸ 这进一步将农田水利推向市场。

二、90 年代

1990 年，在国务院《关于大力开展农田水利基本建设的决定》和电话会议的推动下，掀起了农田水利基本建设高潮，要求"充分认识农业地基础地位和水利地命脉作用，把农田水利基本建设作为一项长期的任务来抓，继续贯彻完善劳动积累工制度，规定每个农村劳动投于农田水利基本设施建设的，每年平均 10～20 个工日，有条件地方可以多搞；与此同时还规定贯彻'巩固改造，适当发展的方针，提高水利工程的设施的效益，农田水利基本建设的重点要放在维修、恢复和配套建设上'。"❹ 这是改革开放以来，国家就农田水利做出的一个专项决定，其意义重大，标志着农田水利建设进入到一个新的阶段，农田水利工作的焦点由以前的建设逐渐转变为对工程管理的重视，对经济效益的追求，之前所建的工程也得到一定程度的修缮。

随后李鹏总理在接见全国农田水利基本建设会议部分代表讲话中表示："40 年来，中国农业之所以产量有大幅度提高，与水利事业的发展有很大关系，进行农田水利建设，是农业投入的一个重要的方面，是改变农业面貌，使农业再上一个台阶的重要力量。中国要搞实行节水型农业，一方面要发展水浇地，兴修水利；另一方面要发展节水型农业，要把世界上一些先进的科学技术措施用到农业上，如喷灌、滴灌，还要发展一些旱作灌溉，能够高产、稳定地旱作农业。"❺ 总之，在中国特定的条件下，40 年来，水利建设事业取得了很大的成绩，对中国经济建设做出了巨大的贡献。水利事业是基础事业，对今后中国的工业、农业都具有很大的意义。特别是在江泽民总书记、李鹏总理等党和国家领导人亲自参加北京市农田水利劳动后，进一步推动了农田水利基本建设的蓬勃发展。

---

❶ 国务院、办公厅文件，国办发〔1985〕40 号。
❷ 水利部农田水利司：农村水利改革三十年重大事件，2009 年。
❸ 国务院批转水利部：《关于依靠群众兴修农村水利的通知》，1988 年 11 月 2 日。
❹ 国务院：《关于大力开展农田水利建设的决定》，1989 年 10 月 15 日。
❺ 李鹏：《全国农田水利基本建设会议部分代表讲话》，1990 年 6 月 14 日。

很多地区的农田水利基础设施建设在资金、劳力、物资投入上都有所增加。至 1990 年，江西省农田灌溉面积得到有效增加，达到 2755 万亩，而旱涝保收面积也达到 2049 万亩，至此，江西省大体完成了蓄水、引水、提水有机结合的农田灌溉工程体系，已经能够较大程度地抵御干旱带来的危害。湖南省在 1990 年遭受了高温干旱、洪涝灾害，为加强农田水利基本建设，全省全年共铺开各类水利工程 61.32 万处，竣工 54.27 万处。高潮时，日上工人数达 954 万人，共投入资金 5.6 亿元，恢复改善灌溉面积 459.3 万亩，新增蓄引提水量 3.87 亿 m^3，改善了 44.3 万人，24.2 万头大牲畜的饮水条件。陕西省围绕农田水利基本建设的目标，建设了多个重点项目，其中包括：关中三大灌区更新改造和"方田"建设、渭北旱原农业综合开发、汉中低山丘陵区农业综合开发、榆林北部风沙滩区井灌工程、冯家山水库灌区挖潜配套等。淮河流域四省紧密围绕防洪保安，改造地产田，建设吨良田的要求，促进了农田水利建设，取得了显著效果。据统计，全年全流域累计投劳 9.01 亿工日，完成各类土石方 11.2 亿 m^3，开工水利工程 45 万处，完工 40 多万处，新增灌溉面积 236.7 万亩，改善和恢复灌溉面积 1300 万亩，增加旱涝保收田 180 万亩。治理水土流失面积 788.3 km^2，解决 66 万人的吃水困难。❶ 浙江省从机动财力中拿出 1900 万元资金，拨出钢材 3000 多 t、水泥 2 万多 t、柴油 1400t，用于冬春农田水利建设；江西省克服财政困难，从省财政预备费中拿出 400 万元、4000t 钢材、1 万 t 水泥，用于农田水利基本建设；海南省挤出 3000 万元资金与农业开发配套使用；广东省投入资金 1.8 亿元，其中群众自筹 6400 多万元；河南省各级财政落实资金 1.3 亿元，并预拨钢材 6000 多 t、木材 1300 多 m^3；上海市要求各县水利投入与财政投入同步增加，以工补农资金的 30％用于水利；另外，湖南、浙江、贵州等不少地方对农村水利劳动积累工又提出了新的要求。北京市政府专门下发了《关于建立郊区、乡两级农田水利基本建设基金的决定》；河南省也有近半数县市建立了农村水利建设发展基金。

90 年代是我国经济体制改革日益深化的时期，也是计划经济向社会主义市场经济的过渡时期。同时，也是我国农村水利事业全面发展的新时期。这一时期的农村水利工作得到了党中央、国务院和各级党政领导的高度重视。江泽民总书记指出："得认真研究一下水利的问题。人无远虑，必有近忧。是应该未雨绸缪。"并强调指出："实践进一步证明，水利是农业的命脉，是国民经济的基础设施，也是国民经济发展和社会安定的重要保障。大灾之后要大治。大力兴修水利是顺乎民心、合乎民意、造福当代、惠及子孙的伟大事业。我们一定要做到人民水利人民办，全社会都关心水利建设。"

1991 年，《中共中央关于制定国民经济和社会发展十年规划和"八五"计划的建议》明确指出："水利是基础设施的重要组成部分，不仅关系到农业，而且关系到工业建设和人民生活，要大力进行农田水利基本建设。"江泽民同志对此批示："在考虑'八五'规划时，得认真研究一下水的问题。人无远虑，必有近忧。应该未雨绸缪。"李鹏总理在听取水利部关于"八五"水利计划汇报时指出："水利要作为基础产业在'八五'计划安排中加以体现，这样水利的基础地位就提高了。"

不仅如此，国家对河流的管理、水土资源的合理利用、水利工程单位的改革也十分重

---

❶ 《中国水利年鉴 1991》，北京：水利电力出版社，第 383 页。

视，对大江大河的治理明显加快。1991 年，治淮的 18 项骨干工程、太湖治理的 10 项工程大部分已开工，全国 43 座重点病险水库已有 25 座完成了除险加固任务。同时，为增加水利投入，江苏、河南、安徽、山东等省相继提出了社会集资办水利的措施，不少地区建立了县、乡水利发展基金。河南省大部分县市都建立了水利基金，集资 1 亿多元用于冬季水利检核。山东、云南、贵州等省级财政都增加了几千万元的水利投资。据不完全统计，全国地方财政和群众投入到冬修水利的资金超过 30 亿元。在农田水利建设的过程中，各级水利部门积极发挥了参谋作用，特别是刚建立起来的基层水利服务体系，在冬修水利的规划、设计、施工、管理等方面发挥了重要作用。国务院在治理淮河、太湖会议上的报告中指出："要进一步提高防洪排涝，同时要除害兴利结合扩大灌溉面积，改造中低产田，增加城乡供水，综合开发利用淮河水土资源，巩固和扩大淮河干流的安全泄量，提高骨干河道的防洪排涝能力，增加扩流域调水的能力。加强安全建设和区内灌排设施，改善群众生产生活条件。"

1992 年 3 月，七届人大四次会议通过的《国民经济和社会发展十年规划和第八个五年计划纲要》中已将发展灌溉面积纳入国家规划，要求在此期间，巩固改善现有水利设施，新增浇灌面积 3000 万亩。并要求各地分解落实到县乡，层层承包，以保证灌溉面积的稳步发展。10 月，在国务院研究基本农田建设问题会议上的发言："针对 1992 年秋冬水利建设形势和问题，水利水保部门把改造坡耕地、兴修水平梯田列为水土保持的一项重要任务来抓，平均每年修建水平梯田 300 万亩。各地尤其是贫困地区，结合以工代赈和水土保持重点治理，大力开展以建设基本农田，开展小流域综合治理为主要内容的大规模农田水利基本建设，大大加快了坡改梯基本农田建设的进展。"通过坡改梯，建立了基本农田，加上其他水土保持措施，保证了农作物的正常生长，提高了粮食产量，在农田粮食产量的提升有着显著的效果，极大地提高了人民的生活水平。

在继续搞好农田水利建设的同时，对抗旱防旱工作也愈加重视。为进一步推动冬春水利建设的发展，1993 年 2 月水利部下发了《关于抓紧防旱抗旱工作保证春耕备耕的通知》，为解决防旱抗旱问题，水利部先后组织了 13 个工作组赴各省市检查抗旱工作，在吉林省松原县召开全国抗旱节水现场会，交流北方地区抗旱节水灌溉技术经验。

同年，中国人民银行的大力支持下，从总理预备贷款资金中安排乡镇供水专项贷款 1 亿元用于发展乡镇供水，并由中央财政及地方给予适当的贴息。同年完成的山东淄博市淄川区社会化供水工程，就是在新形势下结合当地特点建设的一种以乡、镇所在地为中心跨村跨地区，城乡联办，村镇联办，工农结合的大型供水工程。截至 1993 年全国已建成县级抗旱服务队 920 个，区、乡级 5577 个，村办和其他形式 5106 个，拥有固定资产已达 9.76 亿元，不仅浇灌了 4404 万亩农田、7133 万株果树，还为农户开展维修机泵、租赁设备等服务，全国投入抗旱的劳力达到 8129 万人，机电井 223 万眼，提灌站 24 万处，加上河道引水、水库蓄水等自流灌溉，全国抗旱实灌面积 4.5 亿亩，有力地减轻了因旱造成的损失。为此，水利部还成立了冬春水利建设办公室，据统计，到 1993 年年底，全国累计投入劳动积累工 35.7 亿个，完成土石方 45.4 亿 m³，新增有效灌溉面积 440 万亩，恢复改善灌溉面积 2730 万亩，新增除涝面积 580 万亩，改造中低产田 780 万亩，初步治理水土流失面积 8932km²，解决了 417 万人、253 万头牲畜的饮水困难，新增小水电装机 105

万 kW。❶

1994 年年底，财政部、水利部联合颁布了新的《特大防汛抗旱补助费使用管理暂行办法》，该文件明确了特大抗旱经费可用于抗旱服务组织建设，包括购置抗旱机具设施、抗旱服务所需的简易运输工具等。这对今后抗旱服务组织建设将起到积极的推动作用。同时，1994 年也是水土保持司成立的第一年，全国的水土保持形势十分喜人，预防监督工作进展很大，并取得了显著成效。截至 1994 年，全国已有 12 个省（市、区）成立监督机构，80 多个地（州、市）、550 多个县均成立水土保持监督机构，正式由各级人民政府颁发水土保持监督检查员证的有 4 万人，发展比较快的有陕西、山西、甘肃、山东、福建等省。全国审批水土保持方案报告 2 万多个，开发建设单位投资治理水土流失经费达 1.5 亿元，征收水土流失防治费 2000 多万元。

为解决农村水利管理体制，转换经营机制等问题，许多地方还进行了积极有益的探索和实践，积累了经验，取得了显著效果。如鼓励支持农民办水利，尝试个体和股份制办水利，打破了单纯依靠国家投资的格局，为社会办水利注入了新的活力，树立了农民当家做主人的意识，有利于民主管理和严格成本核算。有些地区把一些规模很小、长期经营管理不善的小型工程，在保证防汛抗旱任务不受影响的前提下，进行"租赁""拍卖"，即盘活了呆滞的集体资金，甩掉了包袱，又使工程经营搞活，增加效益；各地普遍推行多年的经济承包、岗位责任、目标管理等多种形式的责任制，内容更加丰富，办法进一步完善；国有灌区泵站确权划界大部分地区基本完成，筹集资金兴办农田水利的投资机制也进行了多方面改革，如贴息贷款、周转资金使用比例加大，抗旱补助费中用于购置机具设备增强服务体系建设的比重逐年增加。

1995 年 9 月，国务院在山西召开了全国农田水利基本建设工作会议。江泽民总书记、李鹏总理对会议作了重要指示，江泽民总书记关于农田水利基本建设的指示中提出："对农田水利基本建设，一定要坚持不懈、锲而不舍地搞下去，务使我国的农业生产条件和生态环境有一个大的改善。"李鹏总理在讲话中指出："农田水利建设很重要，必须引起各级政府的重视，下决心在'九五'期间增加一些投入，包括劳务投入，使农田水利建设有较大的进展。"会议的召开对全国农田水利基本建设工作起到了很大的推动作用。累计投入劳动积累工以及最高上工人数较之去年同期都有较大增长幅度。

1995 年是"八五"计划的最后一年，期间农田水利基本建设取得了重大进展，其规模、质量和效益都上了一个新台阶。"八五"期间，农田水利建设进入大规模开发阶段，开发范围不断扩大，1995 年已扩展到全国 30 个省（自治区、直辖市）的 1142 个县市和396 个国营农场。中央财政安排的农发资金逐年增加，1991 年为 15 亿元，1995 年增至 23亿元。与之相配套安排的农业开发专项贷款也由 15 亿元增至 25 亿元。5 年共安排中央财政资金 93 亿元，加上地方配套资金、农行专项贷款、集体和群众自筹资金，全国农业综合开发共投入资金 130 亿元。通过农业综合开发已改造中低产田 1.48 亿亩，开垦宜农荒地 1890 万亩。项目区共新增灌溉面积 5390 万亩，改善灌溉面积 4640 万亩，新增除涝面积 2680 万亩，改善除涝面积 2620 万亩，这对改善农业生产条件，加强水利基础设施建设

---

❶《中国水利年鉴 1994》，北京：水利电力出版社，第 91 页。

发挥了重要作用。农业综合开发已取得显著的经济、社会和生态效益，据初步统计，农业综合开发项目区新增农业生产能力：粮食 238 亿 kg，棉花 1152 万担，这对缓解我国农产品供需矛盾，特别是促进我国粮食产量突破 4500 亿 kg 大关，发挥了重要作用。在国家农业开发办公室的大力支持下，每年安排中央农发资金 1.5 亿元，用于黄淮海平原跨省骨干工程和长江上游水土保持工程建设。"八五"期间，安排建设的跨省骨干工程有：引黄入卫工程、黄河下游滩区水利建设、包绘河治理、金堤河治理及鼓楼引黄入鲁工程。长江上游水保工程建设工完成治理水土流失面积 3.3 万 km^2。

随着各行各业日益增加的用水需求，节水成为讨论的热点问题。1995 年 9 月，国务院在山西召开了全国农田水利基本建设工作会议，会议召开对全国农田水利基本建设起到了很大的推动作用。在党的十四届五中全会上与会代表同样提出了"大力普及节水灌溉"，将节水放在能源节约的首位。1996 年 10 月，李鹏总理在全国水利工作会议上的讲话中表示："要进一步加强农田水利基本建设，大力推行节约用水。大力推广适合中国特色的新的节水灌溉技术，重视应用水资源合理开发应用，水土保持和小流域综合治理，农田水利及中低产田改造，水电开发和农村电气化技术，以及提高现有水利水电工程利用效益，重大水利工程关键技术和跨流域调水技术等。"[1] 国务院召开的以节水灌溉为主要内容的工作会议中提出"九五"期间建设 300 个节水增产重点县，全国发展节水灌溉工程面积 5000 万亩的目标。同时，在国家计委的大力支持下，国家安排了 6000 万元资金用于灌区续建配套。

水利部《关于 1995—1996 年度全国农田水利基本建设情况的报告》中指出："要把农田水利基本建设搞得更扎实更有效。去冬以来，各地认真贯彻执行党中央、国务院的指示精神，从当地实际出发，加大了农田水利基本建设的力度，取得了基本的成效。据水利部统计，冬修水利期间，全国累计投入劳动积累工 79 亿个，资金 292 亿元，新增灌溉面积 1000 万亩，改善灌溉面积 6000 万亩，新增和改善除涝面积 1700 万亩，改造中低产田 2400 万亩，维修加固堤防 4 万 km，整修水库 1 万多座，新建乡镇供水工程 2700 处。对农田水利基本建设取得的重大成就，我们应当充分肯定，但是绝不可以高估，我们必须正视存在的问题，认真总结经验，进行灾后反思，做到'旱了个明白，淹了个明白'。80 年代，年均受灾面积 5.1 亿亩，成灾面积 2.5 亿亩。进入 90 年代，年均受灾面积 6.7 亿亩，成灾面积 3.4 亿亩，其中四次大水灾，损失一次比一次严重。1991 年水灾直接经济损失为 780 亿元，1994 年为 1740 亿元，1995 年为 1650 亿元，1996 年为 2200 亿元。"[2] 事实表明，水灾仍然是我们中华民族的心腹之患，水利建设仍然是经济和社会发展中的突出薄弱环节，经过多年不断的大范围的洪水灾害，也让政府与人民更加认识到发展水利事业的重要性。

20 世纪 90 年代以来，国家在探索和深化农田水利发展机制、管理体制的改革中，全国各地围绕农田水利工程产权制度，进行了承包、股份合作、拍卖等多种形式的改革。1996 年，国务院颁布《关于进一步加强农田水利基本建设的通知》。通知规定"要依法积

---

❶　李鹏：《全国水利工作会议上的讲话》，1996 年 10 月 25 日。

❷　姜春云：《全国农田水利基本建设电视电话会议上的讲话》，1996 年 9 月 18 日。

极引导、鼓励农民群众集资投劳兴建小型水利工程；鼓励单位和个人按照'谁投资、谁建设、谁所有、谁受益'的原则采取独资、合资、股份合作等多种形式，建设农田水利设施"。❶ 1997 年 1 月国务院设立了水利建设基金。同时，各地也在积极探索小型水利改革，推动农田水利基本建设纵向发展。河南省下发了"关于推行农村水利股份合作制意见"等文件，提出"培植典型、探索路子、以点带面、逐步推行"的新思路，全省已有 18 万处工程进行产权改革，筹集资金 3 亿多元。河北省颁发了《小型水利工程股份合作制试行办法》，投资 4.7 亿元，兴建股份合作制工程 5.5 万处，增加和改善灌溉面积 450 多万亩。全国掀起了大搞节水灌溉的热潮，中国农业发展银行共安排贴息贷款 17.5 亿元，用于节水灌溉和节水型井灌区建设，国家计委安排基建投资 5300 万元用于"高标准节水灌溉师范项目"建设。同年 10 月我国基础设施领域的一项产业政策《水利产业政策》颁布施行，国家也从此将水利列入国家基础产业领域，这也是一个重大的突破，把推广节水灌溉作为一项革命性的措施来抓，能够使水资源的利用效率大幅度提高。

截至 1998 年，全国已有 241 万处小型水利工程进行了产权制度改革，其中实行股份合作制的有 31 万处，拍卖的有 32 万处，租赁的有 18 万处，承包的有 160 万处。通过产权制度改革，明确所有权、放开建设权、搞活经营权，调动了农民群众兴修水利的积极性，初步建立了小型水利工程良性运行和滚动发展的新机制。干旱缺水地区狠抓水源工程建设，普遍加大了节水灌溉的普及力度。甘肃省实施"121"集雨工程，累计投入资金 6.88 亿元，兴建水窖 86 万眼，发展节水灌溉面积 127 万亩，解决了 139 万人的饮水困难。陕西省在水土流失治理中坚持生态效益、经济效益与社会效益相结合，改革体制与建立机制相结合，治理开发与脱贫致富相结合，集中连片地进行综合治理。此后国家每年安排专项资金开展对大中型灌区续建配套、节水改造工程和节水增效示范项目的建设，这也是农村水利工作指导思想的重大调整。

1998 年也是近年来解决农村人口饮水困难力度最大的一年。全国共投入资金 32.6 亿元，兴建各类供水工程 31 万处，新增日供水能力 14 万 t，解决了 1400 万农村人口的饮水困难问题。乡镇供水的发展也较快，乡镇供水规模专项贷款规模增至近 5 亿元，加上其他资金渠道，全国共投入工程建设资金约 20 亿元，新建、扩建和改建乡镇供水工程 900 处，新增日供水能力 260 万 t。同时，为进一步加快节水灌溉发展的步伐，还制定了 1998—2010 年节水灌溉发展规划。建设了 140 个节水灌溉示范区，全年全国共投入节水灌溉资金 98 亿元，新发展节水灌溉工程面积 2.285 亿亩，其中喷灌面积 2392.43 万亩，微灌面积 213.32 万亩，管道输水灌溉面积 7484.4 万亩，渠道防渗输水灌溉面积 1.24 亿亩。

鉴于 1998 年发生的史上罕见的特大洪水，1999 年国家大力开展以防洪工程、生态环境、小型微型水利工程为重点的农田水利基本建设，截至年底，全国共加固加高各级堤防 3.5 万 km，疏浚河道 7.4 万 km，完成计划的 140% 和 167%。水毁工程基本修复，长江、黄河、淮河等大江大河堤防重要地段得到加高加固，洞庭湖、鄱阳湖、太湖重点区域得到疏浚，防洪能力有所提高。同时，为加大生态环境建设力度。全国已有 17 个省 188 个县开展退耕还林（草）试点示范工作。四川省有 120 多万农户签订了退耕还林合同，2900

---

❶ 国务院：《关于进一步加强农田水利基本建设的通知》，1996 年。

万亩陡坡瘠地已停耕，还林还草面积 175 万亩。陕西、甘肃已退耕还林 564 万亩。小型微型水利工程建设向规模化方向发展。各地结合实际，加大抗旱水源建设力度，全国共加固维修小型水库 1 万多座、塘坝 46.4 万座，增加蓄水能力 18.5 亿 m^3。山丘区平均每个行政村整修塘堰 1.5 座，增加蓄水能力 $5000m^3$。小水窖、小水池等"五小"水利工程的建设开始由试点示范向集中连片、规模化方向发展，在解决干旱缺水地区群众生活生产用水问题中发挥了很好的作用。全年全国农田水利基本建设累计投入劳动积累工 85.9 亿个，投入资金 511 亿元，完成土石方 110 亿 m^3，新增灌溉面积 1693 万亩，改善灌溉面积 6299 万亩，改善和新增除涝面积 1565 万亩，改造中低产田 3174 万亩，解决了 1000 多万农村人口的饮水困难。

三、2000 年以后

2000 年是实施"九五"计划的最后一年，也是任务最为艰巨、成效最为显著的一年。根据国务院办公厅批复，由水利部牵头，国家计委、财政部、中国人民银行、中国发展银行共同组织实施的全国 300 个节水增产重点县建设全部完成预定任务，并通过了验收。5 年间，300 个县投入节水灌溉工程建设资金约 150 亿元，其中中央及各级地方政府投入近 50 亿元，其余为贷款、集体和农民自筹。为配合重点县的建设，"九五"期间，国家计委和水利部还在全国建设了 668 个节水灌溉示范项目区，中央财政投入 7.13 亿元，地方配套 6.93 亿元，其余为集体和农民自筹。全国基本形成了以示范推广为龙头的农业节水灌溉发展格局。同时，为使节水灌溉工程建设有一个科学、统一的衡量标准，促使节水灌溉事业健康发展，于同年启动了《节水灌溉技术标准》的编制工作；并制定了《全国节水灌溉"十五"及 2010 年发展规划》。

2000 年初，中共中央国务院正式下发《关于及逆行农村税费改革试点工作的通知》，并决定在安徽省进行试点开始。5 月 16 日，省委办公厅、省政府办公厅印发《安徽省农村劳动积累工、义务工和村内兴办集体生产公益事业筹资筹劳管理暂行办法》，该办法规定全省用 3 年时间逐步取消统一规定的农村劳动积累工和义务工，同时规定取消统一规定的劳动积累工和义务工后，村内兴办水利、修路架桥等集体公益事业，实行"一事一议"。各地适应农村税费改革的新形势，及时调整工作思路，积极探索"一事一议"的有效途径，推动了农田水利基本建设的顺利开展。江西省面对农田水利基本建设新形势、新特点，调整工程思路，以水毁工程修复、抗旱水源工程建设为重点，坚持一手抓主战场、一手抓中小型水利工程，取得明显成效。税费改革政策虽然没有直接针对农田水利，但是逐步取消劳动积累工的做法，以及随后纷纷启动的以乡村管理体制改革为核心的配套措施，在很大程度上影响了农田水利的发展。

从 2000 年秋到 2001 年春，全国农田水利基本建设共投入劳动积累工 75.5 亿工日，投入资金 505 亿元，完成土石方 98.8 亿 m^3，新增灌溉面积 79.7 万 hm^2，改善灌溉面积 382.03 万 hm^2，改造中低产田 183.42 万 hm^2，治理水土流失面积 2.9 万 km^2。干旱缺水地区把增加抗旱水源，解决农村饮水困难，发展节水灌溉作为重中之重，共打机井 17.2 万眼，修建水库、塘坝、水池、水窖、水柜等蓄水工程 92.9 万处，增加蓄水能力 18.3 亿 m^3，解决了 1386 万农村人口的饮水困难，发展节水灌溉面积 125.26 万 hm^2，其中渠道防渗 74.56 万 hm^2，管道输水 27.54 万 hm^2，喷灌和微灌 23.16 万 hm^2。易受洪涝灾害威胁的地区抓紧修复水毁工程，整治河道，加固堤防和水库，共修复水毁工程 24.9 万处，加高加固堤防 2.6 万 km，疏浚河道 6 万 km，加固水库 7747 座，增加和改善除涝面积 121.87 万 hm^2。

2001 年 1 月 13 日，汪恕诚部长在全国水利厅局长会议上的讲话中表示："'九五'是我国经济和社会发展承上启下的重要时期，对水利开说，也是一个极不平凡的时期，特别是，1998 年大水以来，水利事业进入了一个新的发展时期阶段。一是中央对水利高度重视 1998 年 10 月召开的党的十五届三中全会把兴修水利基础设施建设的重要性，将水资源的可持续利用提高到保障经济社会发展的战略高度。二是全社会的水忧患意识大大增强，对节约和保护水资源的紧迫性认识不断提高，广大群众兴修水利的积极性空前暴涨。三是水利投入大幅度增加。1998—2000 年中央水利基建投资总规模近千亿元，年度投资额是一般年份的 3~4 倍；地方各级政府对水利的投入也相应增加，水利建设取得了突破性进展。四是进行了现代水利、可持续发展水利的探索，正在逐步形成适应新时期要求的新的治水思路。"[1] 同年 9 月，水利部在广西壮族自治区召开了全国水利基本建设座谈会，对冬春农田水利基本建设工作做了部署。11 月国务院召开全国农田水利基本建设电视电话会议后，各地进一步明确目标，突出重点，进行再动员，再部署，以增加抗旱水源、解决农村饮水困难、发展节水灌溉为重点的农田水利基本建设迅速在全国展开。从 2001 年秋季以来，全国农田水利基本建设共投入劳动积累工 65 亿工日，投入资金 505 亿元，解决了 1422 万农村人口的饮水困难，新增灌溉面积 80 万 hm^2，改善灌溉面积 374 万 hm^2，发展节水灌溉面积 125 万 hm^2，改造中低产田 160 万 hm^2，治理水土流失面积 3.11 万 km^2。由此可见，国家对农田水利建设的重视程度可见一斑。大搞农田水利建设是我国农村的传统，不但可以改善农业生产条件，提高农业综合生产能力，还是增加农民收入的重要措施。

然而，微型水利是无力抗御天灾的，而且会进一步切割对大型水利设施的需求，从而破坏大型水利设施可能发挥作用的空间。2001 年水利基本建设继续加强以大江大河重要干支流堤防和控制性水利枢纽建设为重点的防洪工程建设，突出做好重点病险水库的除险加固，加强重点蓄滞洪区和重点防洪城市的防洪安全建设。[2] 在国家积极财政政策支持下，以大江大河堤防为重点的防洪工程建设进展迅速。退田还湖、移民建镇工作取得明显成效。蓄滞洪区安全建设得到加强。开工建设尼尔基、临淮岗、百色等一些江河控制性枢纽工程。建成了小浪底、飞来峡、乌鲁瓦提等江河枢纽控制工程。大江大河防洪能力得到很大提升。在大中型水库除险加固方面，1998 年来，中央累计安排投资 108 亿元用于全国 810 座病险水库除险加固工程建设。

截至 2001 年年底，全国水利基本建设完成投资 560 亿元，其中：防洪工程投资 308 亿元，灌溉工程投资 70 亿元，供水工程投资 80 亿元，水土保持工程投资 17 亿元。在国家实施西部大开发战略政策的积极推动下，西部地区水利基建投资速度明显加快。该年西部地区共完成水利基建投资 131 亿元，中央水利投资继续向西部地区倾斜，安排投资 111 亿元。

农田水利建设进一步加强的同时，以节水灌溉为重点，大力推广节水技术，加大灌区

---

[1]　汪恕诚：《全国水利厅局长会议上的讲话》，2001 年 1 月 13 日。

[2]　中华人民共和国水利部：《2001 年中国水利统计公报》。

节水改造力度。全国共安排 266 个大中型灌区续建配套与节水改造，230 个节水灌溉示范工程项目，并启动第二批 300 个节水增效重点县建设。这些项目的实施，可新增节水灌溉工程面积 2200 万亩以上，同时为 700 万亩新增灌溉面积提供水源。不仅如此，为响应节水政策的号召，国家加大了水价改革力度，国家计委印发了《改革农业用水价格有关问题的意见》，黄河渠首取水价格和一些城市的供水价格调整提高，通过调整水价推动了节水。在甘肃张掖、四川绵阳开展了节水型社会试点建设。于 2002 年通过的新《水法》，为进一步加强水利建设和管理提供了更有力的法律依据。

2002 年 12 月，温家宝在全国抗旱和农田水利建设电视电话会议上的讲话中指出："今冬明春抗旱和农田水利基本建设总的要求是贯彻党的十六大精神，以'三个代表'重要思想为指导，坚持开源与节流并重、节约优先的原则，统筹考虑生活、生产和生态用水，搞好抗旱水源工程建设，大力推行节约用水，加强水资源统一管理和调度，提高农业抗灾能力，确保城乡生活用水安全，确保春耕生产顺利进行，确保经济发展和社会稳定。增加抗旱和农田水利基本建设的投入。"

党中央、国务院对坚持不懈地搞好农田水利基本建设的政策是连贯的，要求是十分明确的。在中共十五届五中全会上建议、在九届人大四次会议上通过的《国民经济和社会发展第十个五年计划纲要》中指出，要"加强农业和农村基础设施建设""搞好农田灌溉等农村中小型工程的维护和建设，继续对大型灌区进行以节水为中心的配套建设和改造，建设节水增效师范工程及旱作节水师范基地"。2002 年中央农村工作会议提出，要加强农村小型基础设施建设，重点支持节水灌溉、人畜饮水、农村沼气、农村水电、乡村道路和草场围栏等设施建设。我们一定要认真贯彻落实党中央、国务院一系列决定精神，切实做好农田水利基本建设工作。

中国近些年水旱灾害频繁，水资源短缺。加强农田水利基本建设，对加快农业和农村经济发展至关重要。中华人民共和国成立以来，党和政府领导广大干部群众，先后于 20 世纪 50 年代、70 年代和 90 年代，掀起三次大规模农田水利基本建设高潮。特别是 1998 年发生特大洪水后，党中央、国务院做出进一步加强水利、生态建设的部署，大幅度增加投入，农田水利基本建设取得显著成效。农田水利基础设施的不断加强和改善，为促进农业结构调整和增加农民收入提供了有利条件，为实现水土资源可持续利用和生态环境改善做出了重要贡献。

2002 年全国普遍推行农村税费改革后，过去主要用于农田水利基本建设的统一规定的劳动积累工和义务工逐步被取消，农田水利基本建设的组织形式、投入结构发生了重大变化。2003 年各地积极探索开展农田水利基本建设的新思路，新办法、新机制，充分发挥财政资金的引导作用，积极运用民主议事、一事一议，动员和组织农民利用自己的双手，改造自己的生产生活条件，保证了农业生产的开展，促进农民增收，取得了很好的效果，也继续得到了农民的认可和拥护。

同时，2002 年也是对大型灌区续建配套改造的投资力度最大的一年，共安排投资 31.245 亿元，其中中央国债投资 17.43 亿元，地方配套 13.815 亿元。安排项目 253 个，其中中东部 135 个，中央投资 7.93 亿元，西部 118 个，中央投资 95 亿元。中东部向黄淮海粮棉油主产区倾斜，西部主要安排在西北内陆、黄河流域和北方缺水地区。项目完成后，可新增、恢复灌溉面积 22 万 hm²，改善灌溉面积 113.3 万 hm²，新增粮食生产能力 19 亿 kg，年节水 24 亿 m³。

自 1998 年至 2002 年年底，共安排投资 120 多亿元，对 247 处大型灌区进行了续建配套与节水改造，其中中央国债资金 6231 亿元，引导地方配套 60 多亿元。衬砌干支渠道 5300 多公里，配套改造建筑物 38000 多座，渠系水利率平均提高 17%，可新增、恢复灌溉面积 173.3 万 hm²，改善灌溉面积 386.7 万 hm²，新增生产能力（折合粮食）近 90 亿 kg，形成 110 亿 m³ 的节水能力，成效显著。

2003 年，国家继续利用国债资金支持进行了 226 个大型灌区续建配套与节水改造建设，共投入国债资金 12.5 亿元，拉动地方投入 10.155 亿元，防渗衬砌干支渠骨干渠道 1500km，改造、加固、配套建筑物 8500 座，动用土石方 3600 万 m³，混凝土 150 万 m³，钢筋 11000t。项目重点向北方缺水地区倾斜，特别是黄河流域灌区、东北和黄淮海农业主产区以及西北内陆河、中部产粮地区灌区。截至 2003 年年底，大型灌区续建配套与节水改造项目建设中央投入 71.7 亿元（其中中央国债资金投入 67.34 亿元），引导地方投入 64.64 亿元，衬砌干支渠道 6800 多公里，配套改造建筑物 48000 多座，分别占规划改造的 9% 和 13%。这些工程的改造可新增、恢复灌溉面积 200 万多 hm²，改善灌溉面积 467 万多 hm²，新增农业生产能力（折合粮食）近 100 亿 kg，增加年节水能力 120 多亿 m³，为保障国家粮食安全、供水安全、生态环境安全，促进农业经济发展和人与自然协调相处做出了重要贡献。

面对 2003 年严峻的干旱缺水形势和部分地区严重的洪涝灾害，农田水利基本建设以抗旱水源建设、节水工作和水毁工程为重点，以提高水的利用效率和效益为核心，以促进农业结构调整、增加农民收入、稳定粮食生产、建立节水高效农业为目标，以科技创新为先导，以改革管理体制和运营机制为支撑，因地制宜采取综合节水措施，全面、稳步推进节水灌溉向纵深方向发展。中央安排节水灌溉示范项目财政投资 2 亿元，带动地方配套和群众自筹 2.63 亿元，总计投资 4.63 亿元，建设了 200 个节水灌溉示范项目。

这一年对于中国来说，是重要而很不寻常的一年，改革开放和现代化建设在经受了重大疫情和严重自然灾害等严峻考验之后，仍然取得了快速的发展，农田水利工作保持着良好的发展势头。国务院先后召开会议对治淮工作和农田水利基本建设进行了专门的研究部署，一批高质量的水利政策性文件相继出台，为农田水利事业发展与改革注入了新的活力。

针对部分地区"两工"取消后，农田水利基本建设出现滑坡的情况，中央和地方做出了调查研究工作，提出了很好的意见和建议。

2004 年 10 月，水利部在江西省南昌市召开全国农田水利基本建设工作会议，国务院副总理回良玉对此次会议作出重要批示："加强农田水利基本建设，是提高农业综合生产能力的一项关键措施，也是改善农村生产生活条件的一个有效举措。要不断加大投入，同时正确引导，调动农民兴修水利的积极性。应认真分析农村税费改革以来出现的新情况，及时总结新经验，探索新路子，建立新机制。科学规划，因地制宜，扎实有效地推进农田水利基本建设。"❶ 同年，水利部全国灌溉用水定额编制工作组在各省灌溉用水定额编制

---

❶ 回良玉：《全国农田水利基本建设工作会议》，2004 年 10 月 9—11 日。

规定的基础上，完成了全国主要作物灌溉用水定额的汇总，分析工作，并初步提出了全国193种作物的灌溉用水定额。该年中央安排节水灌溉示范项目财政投资1.5亿元，带动地方配套和群众自筹1.83亿元，总计投资3.33亿元，建设150个节水灌溉示范项目。

2005年，农田水利基本建设的总体形势出现一些积极变化：一是各级政府和有关部门对农田水利基本建设的认识进一步深化，加强农田水利基本建设的良好氛围正在形成；二是各级政府更加重视调整国民收入分配结构，财政对农田水利基本建设的投入有所增加；三是各地区、各部门更加重视研究相关的政策意见和办法，全面建立农田水利基本建设新机制的探索开始起步。

与此同时，水利部在广西南宁召开的全国农田水利基本会议上，总结"十五"的成就与经验。据统计，"十五"期间全国水利基本建设累计完成固定资产投资3625亿元，占"十五"计划目标的80％。"九五"计划投资的完成情况为59％，"八五"计划完成情况为43％左右。从投资规模上看，"十五"的投资相当于1949—2000年全国水利固定资产投资的总量，比"九五"增加1492亿元。"十五"期间中央水利建设投资为1695亿元，占总投资的46.8％。其中预算内投资为428亿元，占25.3％，国债投资1239亿元，占73.1％，利用外资27.5亿元，占1.6％。全国水利固定资产投资中，用于防洪工程投资1900亿元，占52.4％，水资源工程投资1078亿元，占29.7％，水土保持生态工程投资185亿元，占5.1％，其他专项工程投资464亿元，占12.8％。与"九五"相比，防洪工程投资比例降低27.1％，水资源工程投资比例增加19.7％，水土保持工程投资比例增加2.1％，其他专项工程投资比例增加5.3％。

五年来全国净增有效灌溉面积154.87万 hm^2，占"十五"计划目标的77％；新发展工程节水灌溉面积494.67万 hm^2 占"十五"计划目标的74.2％。新增城乡供水能力370亿 m^3，占"十五"计划目标的92.5％，共解决农村6700万人的饮水困难和饮水安全问题，超额完成"十五"计划目标。全国综合治理水土流失面积24.4万 km^2，占"十五"计划目标的95.6％，新增封育保护面积30万 km^2。水资源管理、水利改革、政策立法、水利前期、科研教育、水文水资源监测、水政监察、水利信息化、部属基础设施等投入加大，工作条件和手段明显改善。从总体上看，水利发展"十五"计划主要指标完成情况较好，为"十一五"水利发展和改革打下了良好的基础。

2006年是"十一五"的开局年，农田水利基本建设总体上呈恢复性增长趋势。据各地上报的数字汇总分析，2006年9月至2007年4月，全国农田水利基本建设共完成投资763.4亿元，其中各级政府投入449.8亿元，农民投入劳动工日27.6亿个，完成土石方65.7亿 m^3。修复水毁工程26万处，新增灌溉面积91.3万 hm^2，改善灌溉面积417.6万 hm^2，新增除涝面积987万 hm^2，改造中低产田面积133.4万 hm^2，新增饲草料地灌溉面积4.7万 hm^2，新增节水灌溉面积167.8万 hm^2，治理水土流失面积3.1万 km^2，新增供水受益人口3063万人。不仅如此，全国各省市县也出台相应配套政策，湖北省政府出台的《关于做好引导和鼓励农民对直接受益的小型基础设施建设投工投劳的通知》，四川省委办公厅、省人民政府办公厅联合引发的《四川省农村"一事一议"筹资筹劳实施意见》，山西省长治市长子县出台的《关于进一步规范和引导农民开展农田水利基本建设"一事一议"活动的实施意见》等，不仅为当地开展农田水利基本建设提供了政策依据，而且给其他地区以有益借鉴。农田水利基本建设的组织方式正在向由政府决策和组织，农民被动参与，向政府扶持和向导，农民自主决策、自主管理的根本性转变。在增加投入方面，中央财政小型农田水利建设补助专项资金规模从 2005 年的 3 亿元增加到 6 亿元，为农田水利建设工作打下坚实的基础。[1]

各地积极探索农村水利民主管理的实现途径，在小型农田水利建设、管理、改革中推行民主议事制度，收到了良好的成效。为进一步规范议事行为，提高议事效率，加快农田水利新机制的建立，根据中央关于社会主义新农村建设的有关要求，水利部在《关于完善小型农田水利民主议事制度的意见》中提出："以加快小型农田水利发展，不断改善农村生产生活条件为目标，以不加重农民负担为基本前提，通过完善制度、规范程序、强化支撑等措施，引导村民在小型农田水利建设、管理和改革中开展民主议事，逐步形成促进小型农田水利健康发展的长效机制；凡涉及村民切身利益和需要村民参与的小型农田水利设施建设、管理和改革事项，都要实行民主议事；同时要健全协调机制，落实奖补机制，完善服务机制，建立监督机制。"[2]

2007 年中央一号文件明确提出"大力抓好农田水利基本建设，要把加强农田水利设施建设作为现代农业建设的一件大事来抓"，为年度农田水利基本建设健康发展创造了良好的宏观条件和工作思路。全国各地贯彻落实党的十七大会议和中央一号文件精神，扎实推进社会主义新农村建设提供了有力的水利保障。为扭转农田水利建设整体滑坡的趋势，各地区相应出台相关政策，致使该年农田水利基本建设投资大幅增加，投资结构日趋合理，建设规模大，完成任务好，效益显著。全年农田水利基本建设共完成投资 812 亿元，比去年增长 13.2%，其中中央财政投资 136 亿元，在中央财政投入的带动下，省、市、县、乡财政投资 385 亿元，各级财政投入共 523 亿元，是农田水利基本建设最主要、最稳定的渠道。

2008 年，农田水利重点项目建设不断加快，建设质量不断改进，继续呈现恢复性增长和改善。全年累计完成投资 1235.5 亿元，各级水利部门仅仅抓住机遇，迅速行动，确保了民生水利真正落实到了实处。福建投入 30 亿元用于冬春农田水利基本建设，工作重点放在抓紧抓好水利水毁工程修复，大力开展农田水利基础设施建设，着眼于创新农田水利建设新机制，推进小型农村水利设施产权制度改革。河南省农田水利基本建设坚持落实配套资金，确保工程质量，全面完成新增水利建设任务，共完成水利投资 71.7 亿元，使用农民工 270 万人，直接拉动了经济增长。四川省委、省政府主要领导等出席全省农田水利基本建设现场会，深刻阐述广泛发动群众参与农田水利基本建设的重要意义，号召群众参与农田水利基本建设。广西壮族自治区的政府开展兴水利、察民情、促发展活动，与广大人民群众一起，进行灌渠节水改造，渠道清淤为主要内容的冬春水利建设劳动，掀起水利建设新高潮。

2008 年，我国遭受了严重的洪涝灾害。据统计，2008 年全国有 30 个省（自治区、直辖市）和新疆生产建设兵团不同程度遭受洪涝灾害，农作物受灾面积 1.3 亿亩，成灾

---

[1] 《中国水利年鉴 2007》，北京：中国水利水电出版社，2007 年：225 页。

[2] 水利部水农〔2007〕406 号，2007 年 9 月 21 日。

7504.5 万亩，受灾人口 1.40 亿人，因灾死亡 633 人、失踪 232 人，倒塌房屋 44.1 万间，直接经济损失 955 亿元。全国耕地累计受旱面积 367 亿亩，农作物受灾面积 1.78 亿亩，成灾 9927 万亩，绝收 1205 万亩，有 1085 万农村人口、699 万头大牲畜因旱发生饮水困难，因旱造成粮食损失 161 亿 kg、经济作物损失 226.2 亿元，有 43 座地级城市和 44 座县级城市不同程度出现供水紧张局面。经过国家的统一部署，动员和组织广大军民进行抗洪救灾，据测算，2008 年累计减淹耕地 394.86 万 hm^2，减少受灾人口 5590.6 万人，避免 396 座城市进水受淹，成功避免山洪灾害近 2000 起，减少粮食损失 4362 万 t，防洪减灾经济效益达 2431.5 亿元，防洪减灾效益十分显著。

中共十七届三中全会把加强以农田水利为重点的农业基础设施建设作为解决"三农"问题的重大举措，明确提出 2010 年年底前完成大中型和重点小型病险水库除险加固任务，力争到 2020 年年底基本完成大型灌区续建配套与节水改造任务，同时对大江大河治理、节水灌溉建设、水资源节约保护、除洪排涝抗旱设施建设等提出了新要求，为新形势下进一步做好水利工作指明了方向。

2010 年既是实施水利"十一五"规划的最后一年，也是加快水利发展与改革的关键一年，全国农田水利基本建设累计完成投资 2161.1 亿元，其中中央投资 697 亿元，大规模的农田水利基本建设，为进一步夯实现代农业基础、提高我国农业抗灾减灾能力、夺取农业丰收、实现农民持续增收打下了坚实的水利基础。水利部为加强小型农田水利项目建设管理工作采取了多项措施，加大了与财政部的沟通协调，积极争取中央财政加大农田水利建设投入，落实中央财政小型农田水利设施建设补助专项资金 78 亿元，为加强小型农田水利建设打下了坚实基础。

2011 年中央一号文件和中央水利工作会议把农田水利摆在重中之重的位置，出台了包括从土地出让收益计提 10％用于农田水利建设在内的一系列针对性强、含金量高的政策。按照 2011 年中央一号文件关于"加快推进小型农田水利重点县建设，优先安排产粮大县"的要求，中央财政进一步加大小型农田水利设施建设补助专项资金投入力度，安排中央投资 126 亿元，较 2010 年增加 48 亿元，带动地方投入超过 200 亿元。其中安排全国小型农田水利重点县建设中央投资 111 亿元，在继续实施好第一、二批 850 个重点县建设的基础上，又启动了第三批 400 个重点县建设使重点县建设覆盖全国多数产粮大县和农业大县，并向牧区大县延伸。重点县的人口、耕地面积、有效灌溉面积、粮食产量分别占全国的 75％、78％、79％和 86％。预计项目完成后，可新增恢复灌溉面积 104 万 hm^2，改善灌溉面积 142 万 hm^2，新增粮食生产能力 63 亿 kg，可新增节水灌溉面积 153 万 hm^2，新增节水能力 39.5 亿 m^3。

中共十六大以来这 10 年，是中国水利事业发展和农田水利建设史上形势最好、发展最快、成效最大的 10 年，其生动的实践、丰富的经验、规律性的认识值得认真总结并长期坚持。仅 2013 年全国冬春农田水利基本建设累计完成 3676 亿元，其中中央投资 1318 亿元，同时中央财政进一步加大小型农田水利投入力度，安排中央财政小型农田水利设施建设补助专项资金 177 亿元，较 2012 年预算内资金规模 158 亿元增加 19 亿元，带动地方投入达 202 亿元，安排全国小型农田水利重点县建设资金 137 亿元，开展了第五批 400 个重点县建设。但是，由于农村经济结构正在发生深刻变化，推进农田水利基本建设的难度越来越大，给农田水利基本建设带来了新的困难和问题。针对此类问题，国务院副总理汪洋提出："要创新组织发动机制，搞好农田水利建设，关键要有效调动基层政府和农民群众两方面的积极性；要创新资金投入机制，要深入研究资金筹措新机制，努力拓宽资金渠道；要创新项目管理机制，促进政府、农民、社会等各方资源的有机结合，创新项目建设监督管理模式；要创新运行管护机制，继续深化水利工程管理体制改革，推广财政资金购买公共服务的做法，鼓励企业、社会组织、个人竞争参与公益性水利工程的管护。"❶ 同时，水利部印发并向社会公示了《全国冬春农田水利基本建设实施方案》，会同有关部门不断完善政策实施，依托中央主流媒体、网络等平台，开展农田水利基本建设宣传报道活动和动态信息通报，营造了良好氛围。

2015 年为"十二五"水利改革发展画上了圆满句号。"十二五"期间，全国水利建设总投资达到 2 万多亿元，是"十一五"期间的近 3 倍。总的看，"十二五"是水利投资规模最大、建设进度最快、改革力度最强、综合效益最好、群众受益最多的 5 年，在我国治水史上写下了浓墨重彩的一笔。

在防汛抗旱方面，成功应对了局部严重洪涝干旱灾害以及频繁登陆的强台风袭击，与"十一五"相比，洪涝灾害死亡失踪人数、受灾人口、受灾面积分别减少 64％、38％、28％，因洪灾死亡失踪人数为新中国成立以来最少。

在农村饮水安全工程建设方面，全面解决"十二五"规划 2.98 亿农村居民和 4133 万农村学校师生饮水安全问题，同步解决四省藏区等特殊困难地区规划外 566 万农村人口的饮水安全问题，农村集中式供水受益人口比例达到 82％，农村自来水普及率达到 76％，供水水质明显提高。

在防洪薄弱环节建设方面，完成 5400 座小型、15891 座重点小型病险水库除险加固，基本完成 25378 座一般小型病险水库除险加固，开展 156 条主要支流和 4500 多条中小河流重要河段治理，建成 2058 个县级山洪灾害监测预警系统。

在农田水利建设方面，新增农田有效灌溉面积 7500 万亩，改善灌溉面积 28 亿亩，发展高效节水灌溉面积 1.2 亿亩，农田灌溉水有效利用系数提高到 0.532，为全国粮食产量"十二连增"提供了有力支撑。

2016 年，中央继续把农田水利作为财政投入的重点领域。10 月，国务院召开全国冬春农田水利基本建设电视电话会议，李克强总理对会议作出重要批示，会议中指出："开展农田水利建设是提高农业综合生产能力、增加农民收入、促进脱贫致富的重要途径，也是补短板、扩内需、稳增长的有力举措。要认真贯彻党中央、国务院部署，抓住今冬明春农闲时机，针对水利设施薄弱环节，加强规划指导，深化水利改革，创新投入、建设、运营、管护长效机制，发挥财政资金引导作用，积极吸引各类社会资本投入，充分调动基层政府、社会、农民群众等各方参与积极性，大力加强农田水利和重大水利工程建设，着力完善水利基础设施体系，为保障国家防洪和供水安全、推进农业现代化打下坚实基础。"❷ 2016 年，全国冬春农田水利基本建设累计投资 4457.2 亿元，其中中央投资 1577.6 亿元，

---

❶ 汪洋：《全国冬春农田水利基本建设电视电话会议上的讲话》，2013 年 10 月 24 日。
❷ 汪洋：《全国冬春农田水利基本建设电视电话会议上的讲话》，2016 年 10 月 22 日。

水利建设的持续深入开展，为提高我国农业综合生产能力、推进农业供给侧结构性改革、实现农业农村及经济社会持续健康发展打下了坚实的基础。

2017 年，在党的十九大报告中提到了加快水利基础设施网络建设、实施国家节水行动、加快水污染治理、推进水土流失综合治理等一系列政策措施。报告确定的实施乡村振兴战略，首要任务是产业兴旺，也需要加强农田水利基本建设。要把绿色生态发展理念贯穿水利工作始终，加快实施水污染防治行动计划，开展流域环境和农村人居环境治理，加强水功能区监督管理和饮用水水源地保护。

2018 年，水利部提出了明确水资源有偿使用制度改革的总体要求，按照节水优先、空间均衡、系统治理、两手发力的新时代水利工作方针和水资源水生态水环境水灾害统筹治理的治水新思路，全面落实最严格水资源管理制度，以落实《"十三五"水资源消耗总量和强度双控行动方案》为重点，以落实全民节水行动、推进县域节水型社会达标建设为抓手，全面推进各行业节水，建设节水型社会。农村水利建设持续加强，着力提升农村防洪、供水、灌溉、生态等水利保障能力。大中型灌区续建配套与节水改造全面加快，开工建设了一批大型灌区，小型农田水利建设持续推进，全国农田有效灌溉面积达到 10.2 亿亩；实施农村饮水安全巩固提升，农村自来水普及率和农村集中供水率分别达到 80％和 85％，提前完成规划目标任务；农村绿色水电有序发展，新增装机容量 387 万 kW。

第三章　改革开放四十年中国农田水利工程效益统计分析

为了更加清晰直观地了解我国农田水利基本建设带来的巨大影响，分别对全国 30 个省（自治区、直辖市）的农田水利基本建设情况进行统计分析，并对改革开放后 40 年来全国 30 个省（自治区、直辖市）的灌溉面积和农业总产值进行统计，分析我国各省市农田水利工程的工程效益。

工程效益采用有效灌溉指标和农业总产值两个指标表示。有效灌溉面积指灌溉工程设施基本配套，有一定水源，土地较平整，一般年景可进行正常灌溉的耕地面积。农业总产值指以货币表现的农产品和对农业生产活动进行的各种支付性服务活动的价值总量，它反映一定时期内农业生产总规模和总成果。指标计算方法采用环比分析法。环比分析法是指以某一期的数据和上期的数据进行比较，以观察每年数据的增减变化情况。环比发展速度是报告期水平与前一时期水平之比，表明现象逐期的发展速度。

第一节　北　京　市

一、发展概况

改革开放后，北京市农业节水灌溉事业得到了很大发展，兴建了多种农业节水灌溉设施，极大缓解了北京市水资源短缺的情况，改善了生态环境。中华人民共和国成立时，北京市地区具有一定规模的灌区仅有 2 处，即城龙灌区和石景山灌区，灌溉面积约 1.42 万 hm²。从 20 世纪 50 年代后期开始，北京市加大了水利工程的建设力度，灌溉面积得到迅速发展，到 2000 年年底总灌溉面积已发展到 32.1 万 hm²。但由于水资源供需矛盾日益尖锐，以及工业和城镇生活用水的不断增加，农业用水只能按"以供定需"的原则进行安排，北京市可供农业灌溉的水量锐减，且这种趋势难以扭转，灌溉水资源短缺的局面将长期存在，节水灌溉逐渐成为主流，灌溉面积发展速度明显减缓，北京市的灌溉农业建设逐渐发展为节水型的现代化农业。

二、各年灌溉面积、农业总产值及其环比发展速度的统计分析

对北京市 1978—2018 年历年有效灌溉面积及农业总产值进行统计，利用环比分析法分别计算出北京市灌溉面积、农业总产值及其环比发展速度，见表 3.1。

三、分析对比

由图 3.1 可知，北京市的灌溉面积基本一直处于下降状态。在 20 世纪 90 年代前，北京市的灌溉面积下降呈平缓状态，灌溉面积基本维持在 326～344hm²。2000 年之后，灌溉面积下降幅度逐步增大；2012—2013 年，灌溉面积有一个大幅度地下降，下降面积是 54.52hm²；2014 年后，北京市的农业灌溉面积处于缓慢下降的状态。

表 3.1　　　　　　　北京市灌溉面积、农业总产值及其环比发展速度

年份	灌溉面积及其环比发展速度		农业总产值及其环比发展速度	
	灌溉面积/hm²	环比发展速度/%	农业总产值/亿元	环比发展速度/%
1978	341.73	1.0000	24.05	1.0000
1979	340.80	0.9973	23.04	0.9580
1980	340.33	0.9986	22.33	0.9692
1981	341.27	1.0028	22.07	0.9884
1982	339.33	0.9943	23.11	1.0471
1983	343.27	1.0116	25.69	1.1116
1984	342.67	0.9983	28.84	1.1226
1985	338.40	0.9875	30.27	1.0496
1986	337.27	0.9967	29.97	0.9901
1987	338.00	1.0022	32.42	1.0817
1988	328.23	0.9711	34.11	1.0521
1989	326.88	0.9959	36.66	1.0748
1990	328.64	1.0054	37.87	1.0330
1991	326.13	0.9924	39.53	1.0438
1992	282.75	0.8670	41.39	1.0471
1993	278.65	0.9855	44.03	1.0638
1994	323.42	1.1607	46.55	1.0572
1995	323.00	0.9987	46.89	1.0073
1996	323.16	1.0005	45.62	0.9729
1997	323.26	1.0003	47.36	1.0381
1998	323.67	1.0013	48.46	1.0232
1999	323.30	0.9989	91.20	1.8820
2000	321.96	0.9959	91.09	0.9988
2001	316.33	0.9825	89.70	0.9847
2002	308.64	0.9757	90.10	1.0045
2003	299.01	0.9688	88.75	0.9850
2004	290.38	0.9711	92.68	1.0443
2005	264.69	0.9115	100.59	1.0853
2006	263.54	0.9957	104.47	1.0386

续表

年份	灌溉面积及其环比发展速度		农业总产值及其环比发展速度	
	灌溉面积/hm²	环比发展速度/%	农业总产值/亿元	环比发展速度/%
2007	260.84	0.9898	115.48	1.1054
2008	241.70	0.9266	128.10	1.1093
2009	218.71	0.9049	140.44	1.0963
2010	211.42	0.9667	154.20	1.0980
2011	209.33	0.9901	163.37	1.0595
2012	207.54	0.9914	166.29	1.0179
2013	153.02	0.7373	170.41	1.0248
2014	143.11	0.9352	155.10	0.9102
2015	137.35	0.9598	154.48	0.9960
2016	128.47	0.9353	145.20	0.9399
2017	115.48	0.8989	129.83	0.8941
2018	109.67	0.9497	114.75	0.8838

注　数据来源于中国统计年鉴。

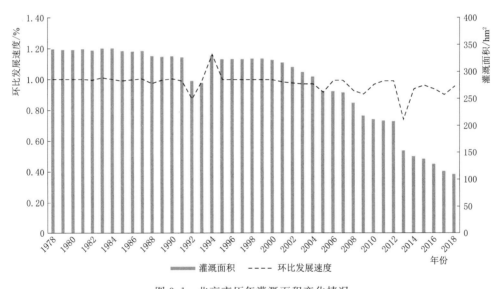

图 3.1　北京市历年灌溉面积变化情况

由图 3.2 可知，随着国家经济不断地发展，北京市的农业总产值基本一致处于上升状态，在 2013 年达到了一个顶峰。1978—1998 年，农业总产值的上升基本处于一个平缓期；1999—2003 年，这一期间农业总产值基本没有发生变化，一直保持在 90 亿元左右；至 2013 年，农业总产值基本保持一个较快的发展速度，在 2013 年后开始逐渐下降。其中，由于 1998 年的亚洲金融危机，国家为了拉动内需，加大水利投入，使得 1998—1999 年农业总产值大幅度增长，高达 42.74 亿元，也使后来的农业总产值一直稳定上升。

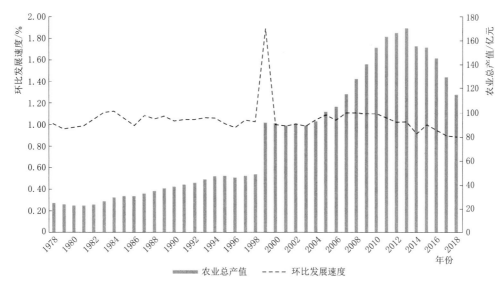

图 3.2 北京市历年农业总产值变化情况

第二节 天 津 市

一、发展概况

天津是一个严重缺水的城市，人均水资源量 $160m^3$，仅为全国人均水资源量的 1/15，干旱缺水成为天津市经济社会尤其是农业稳定发展的主要制约因素，大力发展农田节水灌溉，提高水的利用率和生产效率，是缓解农业干旱缺水问题的根本措施，对天津市农业的可持续发展有着十分重要的意义。在中华人民共和国成立初期，全市仅有灌溉用泵站 13 座，机组 34 台，20 世纪 50—60 年代在恢复原有排灌设施基础上，扩大耕地面积，建设了 9 座泵站。在海河建防潮闸以后，为发展灌溉农业又兴建了排灌泵站 68 座，"七五""八五"期间，坚持"旱涝兼治，以蓄代排"方针，继续发展各种形式的蓄水工程，使大、中、小、微型蓄水工程有了长足发展，极大改善了排灌条件。2018 年，天津市农村水利工程项目年度任务目标 60377 万元，实际完成投资 61284 万元，占年度任务指标的 102%。

二、各年灌溉面积、农业总产值及其环比发展速度的统计分析

对天津市 1978—2018 年历年的有效灌溉面积及农业总产值进行统计，利用环比分析法分别计算出天津市灌溉面积、农业总产值及其环比发展速度，见表 3.2。

表 3.2　　　　　天津市灌溉面积、农业总产值及其环比发展速度

年份	灌溉面积及其环比发展速度		农业总产值及其环比发展速度	
	灌溉面积/hm^2	环比发展速度/%	农业总产值/亿元	环比发展速度/%
1978	370.87	1.0000	5.40	1.0000
1979	380.93	1.0271	7.10	1.3148

续表

年份	灌溉面积及其环比发展速度		农业总产值及其环比发展速度	
	灌溉面积/hm²	环比发展速度/%	农业总产值/亿元	环比发展速度/%
1980	379.27	0.9956	7.25	1.0211
1981	379.40	1.0003	6.11	0.8428
1982	373.80	0.9852	10.17	1.6645
1983	365.20	0.9770	9.58	0.9420
1984	360.93	0.9883	12.17	1.2704
1985	349.47	0.9682	13.81	1.1348
1986	340.60	0.9746	18.80	1.3613
1987	340.87	1.0008	22.47	1.1952
1988	341.19	1.0009	29.39	1.3080
1989	341.95	1.0022	34.71	1.1810
1990	345.91	1.0116	34.71	1.0000
1991	347.72	1.0052	36.68	1.0568
1992	346.43	0.9963	39.24	1.0698
1993	347.43	1.0029	44.28	1.1284
1994	348.72	1.0037	57.71	1.3033
1995	351.32	1.0075	85.25	1.4772
1996	351.55	1.0007	90.17	1.0577
1997	352.34	1.0022	89.77	0.9956
1998	351.88	0.9987	98.82	1.1008
1999	353.18	1.0037	91.60	0.9269
2000	353.14	0.9999	83.42	0.9107
2001	354.30	1.0033	86.73	1.0397
2002	354.38	1.0002	86.06	0.9923
2003	354.09	0.9992	88.20	1.0249
2004	352.80	0.9964	95.29	1.0804
2005	355.20	1.0068	97.49	1.0231
2006	349.58	0.9842	110.05	1.1288
2007	349.07	0.9985	114.18	1.0375
2008	348.10	0.9972	120.35	1.0540
2009	347.38	0.9979	127.86	1.0624
2010	344.61	0.9920	149.52	1.1694
2011	338.00	0.9808	155.20	1.0380
2012	337.04	0.9972	164.19	1.0579
2013	308.87	0.9164	176.63	1.0758

续表

年份	灌溉面积及其环比发展速度		农业总产值及其环比发展速度	
	灌溉面积/hm²	环比发展速度/%	农业总产值/亿元	环比发展速度/%
2014	308.87	1.0000	182.23	1.0317
2015	308.87	1.0000	182.51	1.0015
2016	306.62	0.9927	181.89	0.9966
2017	306.62	1.0000	183.17	1.0070
2018	304.66	0.9936	191.21	1.0439

注 数据来源于中国统计年鉴。

三、分析对比

由图 3.3 可知，天津市的灌溉面积变化较为平缓。1979—1986 年，灌溉面积一直处于缓慢的下降状态；1986—2012 年这一期间，灌溉面积基本持平；2012—2013 年，灌溉面积有大幅度下降，减少面积有 28.17hm²；2013—2018 年，灌溉面积一直在 308hm² 左右平缓发展；因此，天津市灌溉面积仍将处于平缓的变化趋势。

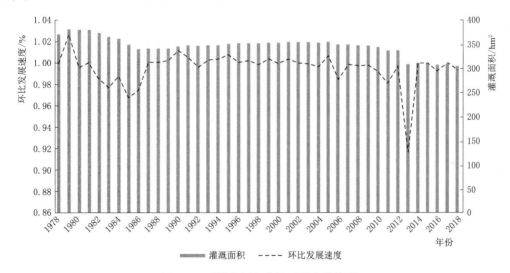

图 3.3　天津市历年灌溉面积变化情况

由图 3.4 可知，天津市农业总产值的总体趋势处于上升状态。根据环比发展速度的变化，可以看出从 1979—1981 年、1982—1983 年、1988—1990 年及 1995—1996 年这四个时期的环比发展速度变化较大，且均是较快速地下降；在 1981—1982 年、1993—1995 年这两个时期环比发展速度变化较快且处于上升状态。根据农业总产值的柱状图可以看出，1978—1983 年农业总产值基本维持在 10 亿元以下；1984—1998 年的农业总产值处于上升状态；受到 1998 年金融危机的影响，1998 年农业总产值较高，之后的两年又有所降低；但 2001—2018 年这一期间的农业总产值持续增加，且增加速度较快。其中 1994—1995 年和 2009—2010 年这两个期间有一个小的跳跃的变化，其分别增加了 27.54 亿元和 21.66 亿元。

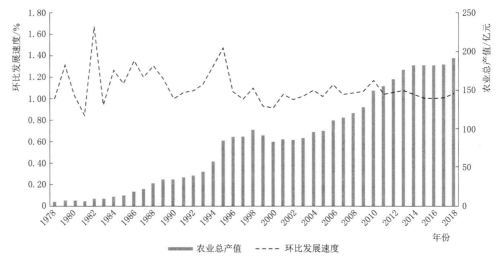

图 3.4　天津市历年农业总产值变化情况

第三节　河　北　省

一、发展概况

改革开放以来，随着河北水资源日益紧张，河北水利建设从防涝排洪的农田水利，逐步向服务城乡、综合利用、优化生态和可持续发展的生态水利迈进，农田水利建设的重点逐步转为节水工程建设为主，全省用于农田水利基础建设的投入逐年增加，为农业生产持续稳定发展提供了强有力的保障。2017 年，全省节水灌溉面积达到 341.572 万 hm²，比 1996 年增长 1.8 倍，年均增长 5.3%。其中，喷滴灌面积 38.074 万 hm²，比 1996 年增长 7 倍，年均增长 11%。2018 年，国家下达河北省高效节水灌溉任务 200 万亩，河北省水利厅印发了《河北省 2018 年度高效节水灌溉项目建设方案》，将建设任务分解到相关部门和市，截至 2018 年年底，实际完成高效节水灌溉面积 223.3 万亩。

二、各年灌溉面积、农业总产值及其环比发展速度的统计分析

将河北省 1978—2018 年历年的有效灌溉面积及农业总产值的数据进行整理，利用环比分析法分别计算出河北省灌溉面积、农业总产值及其环比发展速度，见表 3.3。

表 3.3　　　　　　　河北省灌溉面积、农业总产值及其环比发展速度

年份	灌溉面积及其环比发展速度		农业总产值及其环比发展速度	
	灌溉面积/hm²	环比发展速度/%	农业总产值/亿元	环比发展速度/%
1978	3660.20	1.0000	—	—
1979	3670.80	1.0029	—	—
1980	3622.27	0.9868	79.86	1.0000
1981	3547.93	0.9795	80.78	1.0115
1982	3561.13	1.0037	96.21	1.1910

续表

年份	灌溉面积及其环比发展速度		农业总产值及其环比发展速度	
	灌溉面积/hm²	环比发展速度/%	农业总产值/亿元	环比发展速度/%
1983	3576.60	1.0043	117.55	1.2218
1984	3584.80	1.0023	126.49	1.0761
1985	3572.67	0.9966	128.65	1.0171
1986	3554.00	0.9948	132.41	1.0292
1987	3605.67	1.0145	145.88	1.1017
1988	3653.79	1.0133	171.94	1.1786
1989	3705.42	1.0141	210.77	1.2258
1990	3772.37	1.0181	254.77	1.2088
1991	3843.61	1.0189	259.28	1.0177
1992	3901.84	1.0151	282.47	1.0894
1993	3948.41	1.0119	344.52	1.2197
1994	3990.06	1.0105	518.27	1.5043
1995	4060.65	1.0177	753.52	1.4539
1996	4168.46	1.0265	801.26	1.0634
1997	4253.70	1.0204	845.18	1.0548
1998	4388.05	1.0316	885.88	1.0482
1999	4389.26	1.0003	879.60	0.9929
2000	4435.38	1.0105	846.72	0.9626
2001	4459.16	1.0054	899.38	1.0622
2002	4443.32	0.9964	918.62	1.0214
2003	4429.94	0.9970	958.30	1.0432
2004	4470.08	1.0091	1135.75	1.1852
2005	4510.56	1.0091	1258.00	1.1076
2006	4527.28	1.0037	1380.45	1.0973
2007	4537.92	1.0024	1639.07	1.1873
2008	4559.20	1.0047	1760.75	1.0742
2009	4552.95	0.9986	1927.78	1.0949
2010	4548.01	0.9989	2470.10	1.2813
2011	4596.61	1.0107	2484.67	1.0059
2012	4603.07	1.0014	2710.55	1.0909
2013	4349.03	0.9448	2975.01	1.0976
2014	4404.22	1.0127	2893.29	0.9725

续表

年份	灌溉面积及其环比发展速度		农业总产值及其环比发展速度	
	灌溉面积/hm²	环比发展速度/%	农业总产值/亿元	环比发展速度/%
2015	4447.98	1.0099	2820.11	0.9747
2016	4457.64	1.0022	2772.86	0.9832
2017	4474.67	1.0038	2890.60	1.0425
2018	4492.33	1.0039	3085.86	1.0675

注　数据来源于中国统计年鉴。

三、分析对比

由图 3.5 可知，河北省的灌溉面积是呈现一个缓慢增长的趋势。1978—2012 年，灌溉面积基本在增加，其中 1979—1980 年、1980—1981 年这两个期间灌溉面积减少较多，分别为 48.53hm² 和 74.34hm²，其他时期也有小幅度地下降，但均维持在 20hm² 以内；2012—2013 年灌溉面积存在大幅度的下降，之后都在缓慢增长。根据柱状图灌溉面积的变化情况可以看出，灌溉面积变化幅度较小，变化基本不大。根据灌溉面积的环比发展速度可以看出，灌溉面积每年都存在小幅度变化，河北省整体的灌溉面积基数比较大，均在 3550hm² 以上，因此在柱状图中显示的变化幅度不明显，但在环比发展速度折线图中可以明显看出大幅度地上升或是下降，而灌溉面积变化最大的就是在 2012—2013 年这一期间。

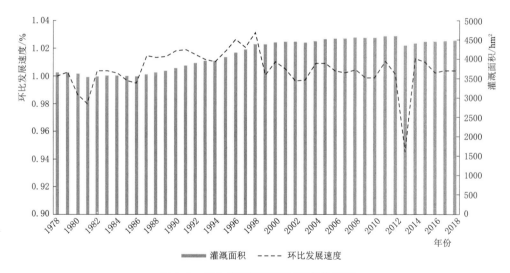

图 3.5　河北省历年灌溉面积变化情况

由图 3.6 可知，河北省的农业总产值一直处于大幅度的增长。根据农业总产值的柱状图可看出，1980—1998 年，农业总产值呈稳定上升趋势，1980—1993 年，河北省农业总产值均维持在 350 亿元以下，1994—1995 年有小幅度的增长趋势，直到 1998 年都在缓慢增长，但在 1998 年金融危机过后，2001 年以前，农业总产值有所下降，两年共下降 39.16 亿元；从 2001—2013 年，河北省的农业总产值处于快速增长的状态，其中 2009—

2010 年是增长最快的，增加了 542.32 亿元，在 2012—2013 年期间增加了 377.98 亿元；从 2013 年开始，农业总产值开始缓慢下降，但下降总值不大。根据农业总产值的环比发展速度看出，1996 年以前，河北省的农业总产值浮动都较大，在 2014 年后趋于相对平稳状态。

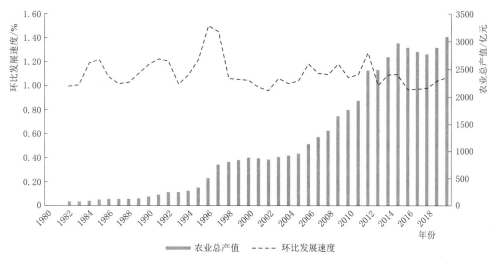

图 3.6　河北省历年农业总产值变化情况

第四节　山　西　省

一、发展概况

山西省地处我国西北黄土高原的东部，位于黄河中游地区，是我国水土流失最为严重的地区之一。中华人民共和国成立初期，全省水土流失面积约占全省总土地面积的 60.8%。严重的水土流失和干旱缺水，是造成山西省农业生产水平滞后的主要原因之一。经过 70 余年的治理，以改变农业生产基本条件为主要目标的农田水利工程不断建设和发展，使得全省农业生产抗御自然灾害的能力日益增强。

1949—1997 年，山西省农田水利灌溉面积由 20 世纪 50 年代初期的 349 万亩发展到 1838 万亩，是 50 年代的 4 倍，占全省耕地面积的 30%。在 90 年代，全省水资源总量大幅衰减，能源工业和城镇生活用水不断增加，致使工农业争水矛盾日趋尖锐。为此，山西省把发展节水灌溉作为全省农田水利建设的发展途径。"八五"期间，省政府把强化农业基础产业、建设农田水利作为战略重点，并作出一系列加强水利基础设施建设的重大决策。2009 年开始，山西省连续三年开展小型农田水利工程建设，经过重点县建设，彻底改变了小型农田水利设施建设严重滞后的现状，提高了农业抗御自然灾害的能力。重点县项目实施为项目区内农田抗旱保丰收做出了积极贡献。2018 年，山西省全年累计完成水利投资 211 亿元，建成水库 605 座，全年实际灌溉面积 240.818 万 hm²，小型水利设施累计达到 8489 处，小型水利灌溉面积 11.302 万 hm²，累计除涝面积 8925 万 hm²，万亩以上灌区 114 处，万亩以上机电灌站 68 处，水土流失累计治理面积 679.836 万 hm²，新增水土流失累计治理面积 35.611 万 hm^2。

二、各年灌溉面积、农业总产值及其环比发展速度的统计分析

将山西省从 1978—2018 年历年的有效灌溉面积及农业总产值的数据进行整理,利用环比分析法分别计算出山西省灌溉面积、农业总产值及其环比发展速度,见表 3.4。

表 3.4　　　　　　　　　山西省灌溉面积、农业总产值及其环比发展速度

年份	灌溉面积及其环比发展速度		农业总产值及其环比发展速度	
	灌溉面积/hm^2	环比发展速度/%	农业总产值/亿元	环比发展速度/%
1978	1092.47	1.0000	23.97	1.0000
1979	1121.33	1.0264	29.98	1.2507
1980	1115.13	0.9945	28.66	0.9560
1981	1106.53	0.9923	37.62	1.3126
1982	1099.73	0.9939	42.98	1.1425
1983	1100.87	1.0010	41.52	0.9660
1984	1102.67	1.0016	49.23	1.1857
1985	1079.13	0.9787	48.43	0.9837
1986	1054.07	0.9768	44.86	0.9263
1987	1077.53	1.0223	45.50	1.0143
1988	1110.74	1.0308	61.46	1.3508
1989	1121.28	1.0095	75.28	1.2249
1990	1138.19	1.0151	88.90	1.1809
1991	1152.59	1.0127	74.45	0.8375
1992	1166.55	1.0121	88.82	1.1930
1993	1175.44	1.0076	106.02	1.1937
1994	1187.57	1.0103	142.12	1.3405
1995	1201.99	1.0121	203.39	1.4311
1996	1205.54	1.0030	241.18	1.1858
1997	1222.91	1.0144	226.93	0.9409
1998	1068.59	0.8738	249.46	1.0993
1999	1245.92	1.1659	206.30	0.8270
2000	1253.34	1.0060	218.33	1.0583
2001	1255.86	1.0020	191.26	0.8760
2002	1258.86	1.0024	227.12	1.1875
2003	1259.18	1.0003	249.45	1.0983
2004	1260.08	1.0007	290.53	1.1647
2005	1256.84	0.9974	281.74	0.9697
2006	1256.80	1.0000	292.15	1.0369
2007	1255.73	0.9991	381.87	1.3071

年份	灌溉面积及其环比发展速度		农业总产值及其环比发展速度	
	灌溉面积/hm²	环比发展速度/%	农业总产值/亿元	环比发展速度/%
2008	1254.60	0.9991	467.88	1.2252
2009	1260.99	1.0051	548.43	1.1722
2010	1274.15	1.0104	629.96	1.1487
2011	1319.85	1.0359	711.61	1.1296
2012	1319.06	0.9994	774.35	1.0882
2013	1382.79	1.0483	839.06	1.0836
2014	1408.17	1.0184	872.56	1.0399
2015	1460.28	1.0370	846.87	0.9706
2016	1487.29	1.0185	824.42	0.9735
2017	1511.21	1.0161	861.89	1.0455
2018	1518.68	1.0049	894.95	1.0384

注 数据来源于中国统计年鉴。

三、分析对比

由图 3.7 可知，山西省的灌溉面积一直稳定在 1200hm² 左右，从 2010 年开始有了缓慢的上升。1984—1989 年期间灌溉面积开始回落，之后又开始上升，其下降和上升的差值分别为 48.60hm² 和 67.21hm²；1997 年后灌溉面积在缓慢上升，1997—1998 年间灌溉面积减少了 154.32hm²，在 1998—1999 年增加 177.33hm²；1999—2010 年，山西省的灌溉面积一直维持在 1245～1275hm²，浮动较小；2010—2018 年期间有了缓慢上升。随着农田水利工程的不断修建、改造与完善，山西省的灌溉面积也会缓慢地增加，灌溉面积应该会稳定在 1400hm² 以上。

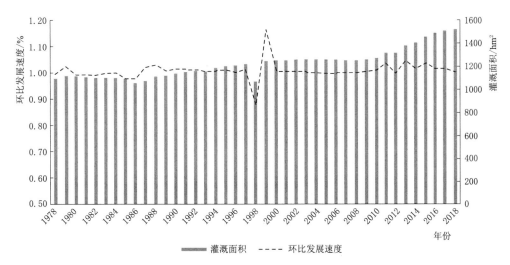

图 3.7 山西省历年灌溉面积变化情况

由图 3.8 可知，山西省的农业总产值大体上来看是处于上升趋势，但是根据农业总产值的环比发展速度可以看出，山西省的农业总产值每年都有浮动。1978—1994 年，山西省的农业总产值都在 200 亿元以下，其期间存在较小浮动；直到 1988 年，农业总产值开始上升，1996—1997 年期间有小小的下降，减少了 14.25 亿元。1998 年亚洲金融危机过后，到 2001 年，山西省的农业总产值有所下降；2001—2014 年，农业总产值一直都在增加，其中从 2008 年开始，农业总产值增长速度加快，尤其 2008—2009 年增长最大，增加了 190.18 亿元；在 2014 年后，农业总产值又开始缓慢下降，在 2016 年出现拐点，并开始缓慢上升。

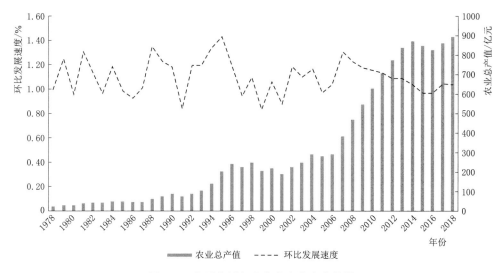

图 3.8　山西省历年农业总产值变化情况

第五节　内蒙古自治区

一、农田水利发展概况

内蒙古气候干旱、水资源短缺。水资源总量仅为 509 亿 m^3，占全国水资源总量的 1.86%，人均占有水资源量仅为 2281m^3，为全国平均值的 85%，水资源还在时空和地域分布上极不均匀，兴水治旱始终是关系自治区经济和社会发展全局的大事、要事。改革开放以来，内蒙古坚持不懈地开展农田水利基本建设，有效地改善了农牧业生产条件。"九五"末，全区农田灌溉面积仅有 240 万 hm^2，农田有效灌溉面积 150 万 hm^2，节水灌溉面积 75.8 万 hm^2。"十五"和"十一五"时期，内蒙古各级政府把以节水为重点的农田水利基本建设作为农牧业强本固基的一项重要措施，狠抓了落实，使农田水利基本建设保持了比较好的发展势头。尤其是"十一五"时期，进入较快发展阶段，建成万亩以上灌区 157 处，全区有效灌溉面积达 300 万 hm^2，节水灌溉面积达 233.3 万 hm^2。21 世纪初期，全省每年利用水利、以工代赈、农业开发、退耕还林、扶贫、土地整理等各类建设项目资金约 15 亿元以上，兴建了一大批农田水利工程，形成了数十亿农田水利固定资产初步建成了防洪、排涝、灌溉等工程体系，在抗御水旱灾害，保障经济社会发展、改善农牧民生产生活方面发挥了重要作用。"十一五"期间的全区粮食连年增产,产量稳定在 200 亿 kg 以上,2011 年更是达到了 238.75 亿 kg,农田水利设施功不可没,这些成效得益于一些项目在全区的实施。2009 年小型农田水利重点县项目实施以来,全区已有 35 个旗县列入水利部、财政部重点县建设范围。2018 年,5 处大型灌区续建配套与节水改造项目下达投资 3.93 亿元;尼尔基和绰勒水库下游内蒙古灌区在骨干工程建设完成的基础上,田间工程修正方案通过批复,建成后可发展灌溉面积 4.75 万 hm^2;内蒙古黄河干流水权盟(市)间转让河套灌区沈乌灌域项目建设完成并通过验收,初步实现年节水 2.4 亿 m^3 以上,6 个中型灌区投资 8400 万元;安排小型农田水利建设中央补助资金 19.83 亿元,发展节水灌溉面积 21.05 万 hm^2,内蒙古自治区下达牧区节水灌溉饲草地建设资金 9120 万元,发展高效节水灌溉饲草地 0.67 万 hm^2;通过统筹水利、财政、发展改革、国土、农业发展等部门项目资金,顺利完成国务院高效节水灌溉 12.67 万 hm^2 考核目标;内蒙古自治区安排中央农田水利设施维修养护资金 2402 万元,用于大型灌区骨干渠道维修养护建设,部分旗(县)将维修养护资金纳入本级财政预算加以落实。

二、各年灌溉面积、农业总产值及其环比发展速度的统计分析

将内蒙古自治区 1978—2018 年历年的有效灌溉面积及农业总产值的数据进行整理,利用环比分析法分别计算出内蒙古自治区灌溉面积、农业总产值及其环比发展速度,见表 3.5。

表 3.5 　　　　　　　内蒙古自治区灌溉面积、农业总产值及其环比发展速度

年份	灌溉面积及其环比发展速度		农业总产值及其环比发展速度	
	灌溉面积/hm^2	环比发展速度/%	农业总产值/亿元	环比发展速度/%
1978	662.60	1.0000	—	—
1979	1181.73	1.7835	16.30	1.0000
1980	1104.07	0.9343	18.13	1.1123
1981	1037.73	0.9399	23.27	1.2835
1982	1026.67	0.9893	27.48	1.1809
1983	1019.73	0.9932	29.96	1.0902
1984	980.47	0.9615	34.20	1.1415
1985	964.93	0.9842	40.12	1.1731
1986	1005.67	1.0422	40.28	1.0040
1987	1037.80	1.0319	45.06	1.1187
1988	1426.36	1.3744	61.43	1.3633
1989	1468.61	1.0296	63.98	1.0415
1990	1540.29	1.0488	88.83	1.3884
1991	1612.26	1.0467	91.89	1.0344
1992	1695.85	1.0518	100.54	1.0941
1993	1751.44	1.0328	126.51	1.2583
1994	1754.79	1.0019	168.25	1.3299

续表

年份	灌溉面积及其环比发展速度		农业总产值及其环比发展速度	
	灌溉面积/hm²	环比发展速度/%	农业总产值/亿元	环比发展速度/%
1995	1776.41	1.0123	208.05	1.2366
1996	1851.23	1.0421	273.16	1.3130
1997	1972.00	1.0652	283.38	1.0374
1998	2067.90	1.0486	303.24	1.0701
1999	2248.69	1.0874	318.70	1.0510
2000	2371.67	1.0547	308.36	0.9676
2001	2472.25	1.0424	307.57	0.9974
2002	2437.67	0.9860	332.14	1.0799
2003	2668.46	1.0947	335.96	1.0115
2004	2735.86	1.0253	411.54	1.2250
2005	2702.19	0.9877	473.89	1.1515
2006	2758.11	1.0207	542.23	1.1442
2007	2816.66	1.0212	623.09	1.1491
2008	2871.30	1.0194	722.82	1.1601
2009	2949.75	1.0273	741.45	1.0258
2010	3027.50	1.0264	916.10	1.2356
2011	3072.39	1.0148	1080.90	1.1799
2012	3125.24	1.0172	1202.78	1.1128
2013	2957.76	0.9464	1368.88	1.1381
2014	3011.88	1.0183	1457.94	1.0651
2015	3086.90	1.0249	1474.54	1.0114
2016	3131.53	1.0145	1477.56	1.0020
2017	3174.83	1.0138	1434.73	0.9710
2018	3196.52	1.0068	1512.50	1.0542

注　数据来源于中国统计年鉴。

三、分析对比

由图 3.9 可知，内蒙古自治区的灌溉面积大体处于增长趋势。根据灌溉面积的环比发展速度看出内蒙古灌溉面积的变化，其中 1978—1980 年，灌溉面积增长较大，增加了 519.13hm²，之后到 1987 年，灌溉面积都在很缓慢的下降；1978—1988 年，灌溉面积增加了 388.56hm²，之后一直到 2012 年，灌溉面积基本都在增长；在 2012—2013 年，灌溉面积有一个小的下降，之后一直处于增长状态。由此可预测 2018 年以后，内蒙古自治区的灌溉面积仍会缓慢上升，且一直保持在 3000 亿元以上。

由图 3.10 可知，内蒙古自治区的农业总产值一直都在增长状态。1988 年以前，内

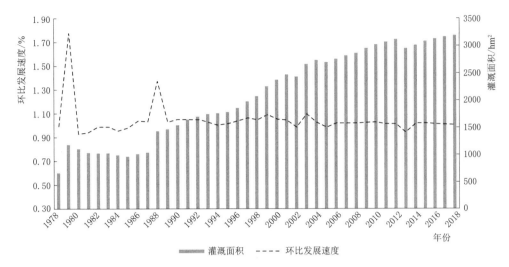

图 3.9 内蒙古自治区历年灌溉面积变化情况

蒙古的农业总产值处于 50 亿元以下，1992 年农业总产值突破了 100 亿元；1999—2003 年期间农业总产值变化幅度不大，基本维持在 300 亿～335 亿元之间；2003 年以后农业总产值上升趋势明显，由此看出，内蒙古自治区的农业总产值基本稳定在 1500 亿元左右。

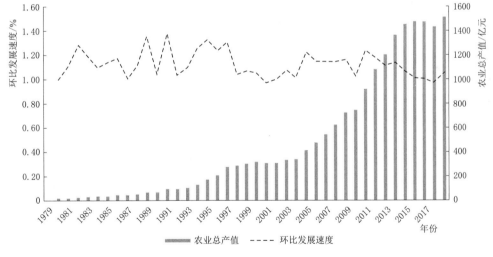

图 3.10 内蒙古自治区历年农业总产值变化情况

第六节 辽 宁 省

一、发展概况

辽宁是工业大省，改革开放之前，农业发展后劲不足，粮食主要依靠国家调拨来解决。全省耕地面积 41.8 万 hm²，占土地总面积的 28.2%，土地利用率较高，受自然条件的影响，水资源匮乏，低洼地多，水土流失严重，旱涝灾害频繁发生。为了改善农业生态条件，中华人民共和国成立以来，全省开展了大规模的农田水利基本建设，兴修灌溉排水工程，改洼治涝，治山治水，保持水土，取得较大的经济效益。特别是 1987 年以来，全省开展了农田基本建设"大禹杯"竞赛活动，极大地推动了全省农业生产条件的改善，提高了农业综合生产能力，彻底改变了农业"缺腿"的局面。据统计，2016 年，辽宁省全省落实水利投资 106.43 亿元，超计划 18%；完成水利投资 99.73 亿元；重大水利工程中央投资完成率 92.91%，其他水利工程中央投资完成率 96.4%；11 处大中型灌区泵站改造、17 个小农水项目县和 55 万亩高效节水灌溉工程年度建设任务全面完成，新增农田有效灌溉面积 69 万亩。2018 年，国家下达辽宁省高效节水灌溉任务面积 33 万 hm^2，分解落实到 13 个市、33 个县，共计 58 个项目，总投资 5.48 亿元。截至年底，全面完成建设任务。

二、各年灌溉面积、农业总产值及其环比发展速度的统计分析

将辽宁省 1978—2018 年历年的有效灌溉面积及农业总产值的数据进行整理，利用环比分析法分别计算出辽宁省灌溉面积、农业总产值及其环比发展速度，见表 3.6。

表 3.6　　　　　　　　辽宁省灌溉面积、农业总产值及其环比发展速度

年份	灌溉面积及其环比发展速度		农业总产值及其环比发展速度	
	灌溉面积/hm^2	环比发展速度/%	农业总产值/亿元	环比发展速度/%
1978	1125.47	1.0000	36.50	1.0000
1979	803.60	0.7140	43.30	1.1863
1980	759.73	0.9454	50.10	1.1570
1981	718.20	0.9453	54.10	1.0798
1982	723.13	1.0069	56.40	1.0425
1983	676.33	0.9353	74.10	1.3138
1984	695.80	1.0288	78.00	1.0526
1985	724.00	1.0405	65.70	0.8423
1986	730.80	1.0094	84.50	1.2861
1987	768.93	1.0522	96.10	1.1373
1988	989.82	1.2873	117.50	1.2227
1989	1015.84	1.0263	109.90	0.9353
1990	1059.12	1.0426	146.20	1.3303
1991	1089.27	1.0285	158.30	1.0828
1992	1140.33	1.0469	176.10	1.1124
1993	1169.67	1.0257	228.00	1.2947
1994	1184.22	1.0124	275.30	1.2075
1995	1203.75	1.0165	361.50	1.3131
1996	1233.73	1.0249	418.00	1.1563
1997	1277.12	1.0352	433.60	1.0373

续表

年份	灌溉面积及其环比发展速度		农业总产值及其环比发展速度	
	灌溉面积/hm²	环比发展速度/%	农业总产值/亿元	环比发展速度/%
1998	1335.05	1.0454	534.70	1.2332
1999	1388.73	1.0402	510.90	0.9555
2000	1440.69	1.0374	463.54	0.9073
2001	1482.78	1.0292	503.15	1.0855
2002	1499.60	1.0113	540.10	1.0734
2003	1534.34	1.0232	497.33	0.9208
2004	1519.88	0.9906	611.32	1.2292
2005	1526.90	1.0046	640.12	1.0471
2006	1499.86	0.9823	713.00	1.1139
2007	1490.49	0.9938	824.48	1.1564
2008	1492.90	1.0016	869.23	1.0543
2009	1509.58	1.0112	871.56	1.0027
2010	1537.54	1.0185	1071.03	1.2289
2011	1588.38	1.0331	1208.66	1.1285
2012	1698.82	1.0695	1401.51	1.1596
2013	1407.84	0.8287	1499.99	1.0703
2014	1473.97	1.0470	1529.85	1.0199
2015	1520.31	1.0314	1796.54	1.1743
2016	1572.99	1.0347	1589.88	0.8850
2017	1610.55	1.0239	1620.48	1.0192
2018	1619.33	1.0055	1749.41	1.0796

注　数据来源于中国统计年鉴。

三、分析对比

由图 3.11 可知，辽宁省的灌溉面积大体上处于增长状态，从灌溉面积的环比发展速度可知辽宁省灌溉面积的增长或下降趋势较为缓和。1978—1980 年、2012—2013 年，灌溉面积下降较多，分别减少了 321.87hm²、290.98hm²；而 1987—1988 年灌溉面积增长较多，增加了 220.89hm²。1979—1983 年，灌溉面积缓慢下降，1983—2003 年，灌溉面积增长趋势明显，在 2012 年灌溉面积达到最大；2013 年灌溉面积大幅度下降，2013—2018 年开始匀速增长，并稳定在 1600hm² 左右。

由图 3.12 可知，辽宁省的农业总产值一直都处于增长状态，而增长的农业总产值的浮动较大且明显。1979—1994 年，辽宁省的农业总产值均在增长，到 1998 年达到顶峰534.70 亿元，到 2003 年，基本处于缓慢下降趋势，但浮动较小，维持在 490 亿～540 亿元之间；在 2003—2015 年期间农业总产值一直维持快速的增长，且在 2015 年达到最大1796.54 亿元；在 2015—2016 年，农业总产值又有所下降，之后两年开始缓慢上升。

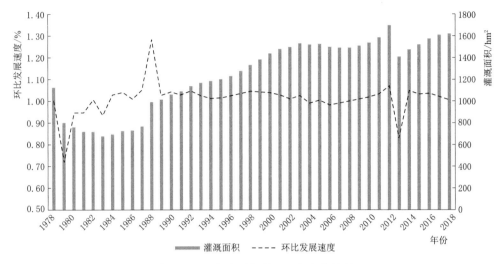

图 3.11 辽宁省历年灌溉面积变化情况

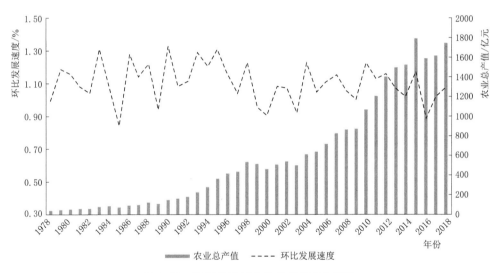

图 3.12 辽宁省历年农业总产值变化情况

第七节 吉 林 省

一、发展概况

吉林省是我国北方地区水旱灾害比较频繁的省份之一。西部风沙干旱、中部易涝、东部水土流失严重，这一特点决定了水利建设在全省经济和社会发展中占有极为重要的特殊地位。中华人民共和国成立前，吉林省农田水利工程只有 9 座小型水库、6 座塘坝、5 座抽水站、118 眼水车井、2969 座拦河坝、732km 断续民堤，以及尚未竣工的二龙山、太平池大型水库和梨树、前郭、永舒榆、饮马河等灌区。经过半个世纪的发展，特别是改革开放以来，吉林省农田水利建设快速发展，农田水利工程体系日趋完善，取得了令人瞩目的成就。

多年来，全省农村坚持不懈地开展以抗旱除涝为重点的农田水利基本建设，使农业生产条件得到明显改善，农业生产力水平不断提高。特别是 2011 年中央一号文件提出加强水利改革发展的决定，吉林省举全省之力推进水利建设，总体趋势向好。2016 年，吉林省全年完成投资 44.27 亿元，完成率 51％，其中小型农田水利在年底前完成中央投资的 80％以上；已对松花江干流治理工程、月亮泡蓄滞洪区防洪及安全区建设工程等 8 项重大水利工程完成投资 9.5 亿元，完成加固堤防 197km。2018 年，吉林省完成白沙滩等 4 个灌区现代化改造试点和饮马河灌区示范片区建设，发展高效节水灌溉面积 4.2 万 hm²；全年共新建改造泵站、塘坝及堰闸等小型水源工程 26 处，新打和改造灌溉机井 3903 眼，改造防渗渠道 114.45km，整治农村河道及排水沟道 25.81km；启动 9 处大型灌区、11 个试点县和高效节水灌溉项目农业水价综合改革，涉及改革面积 15 万 hm²，改革实施面积大幅提高。截至 2018 年年底，吉林省农田有效灌溉面积达到 220.3 万 hm²，其中，水田灌溉面积 82 万 hm²，旱田灌溉面积 138.3 万 hm²；农田灌溉水有效利用系数达到 0.588。

二、各年灌溉面积、农业总产值及其环比发展速度的统计分析

将吉林省 1978—2018 年历年的有效灌溉面积及农业总产值的数据进行整理，利用环比分析法分别计算出吉林省灌溉面积、农业总产值及其环比发展速度，见表 3.7。

表 3.7 吉林省灌溉面积、农业总产值及其环比发展速度

年份	灌溉面积及其环比发展速度		农业总产值及其环比发展速度	
	灌溉面积/hm²	环比发展速度/％	农业总产值/亿元	环比发展速度/％
1978	878.53	1.0000	32.23	1.0000
1979	570.80	0.6497	34.99	1.0856
1980	730.67	1.2801	35.56	1.0163
1981	744.93	1.0195	44.81	1.2601
1982	733.53	0.9847	48.95	1.0924
1983	716.07	0.9762	65.42	1.3365
1984	711.40	0.9935	72.81	1.1130
1985	696.27	0.9787	63.91	0.8778
1986	717.47	1.0304	76.07	1.1903
1987	752.87	1.0493	93.14	1.2244
1988	774.55	1.0288	106.41	1.1425
1989	835.97	1.0793	91.52	0.8601
1990	888.56	1.0629	140.67	1.5370
1991	923.34	1.0391	135.74	0.9650
1992	914.77	0.9907	146.00	1.0756
1993	908.93	0.9936	174.63	1.1961

续表

年份	灌溉面积及其环比发展速度		农业总产值及其环比发展速度	
	灌溉面积/hm²	环比发展速度/%	农业总产值/亿元	环比发展速度/%
1994	910.14	1.0013	270.81	1.5508
1995	904.54	0.9938	301.44	1.1131
1996	935.99	1.0348	363.68	1.2065
1997	1078.00	1.1517	315.45	0.8674
1998	1251.00	1.1605	394.86	1.2517
1999	1293.24	1.0338	388.40	0.9836
2000	1315.12	1.0169	320.28	0.8246
2001	1382.62	1.0513	405.85	1.2672
2002	1547.34	1.1191	419.70	1.0341
2003	1545.52	0.9988	438.34	1.0444
2004	1595.19	1.0321	486.23	1.1093
2005	1613.74	1.0116	518.13	1.0656
2006	1636.39	1.0140	586.50	1.1320
2007	1640.56	1.0025	627.08	1.0692
2008	1654.10	1.0083	715.78	1.1414
2009	1684.80	1.0186	726.02	1.0143
2010	1726.80	1.0249	791.33	1.0900
2011	1807.52	1.0467	910.43	1.1505
2012	1851.87	1.0245	1017.33	1.1174
2013	1510.13	0.8155	1075.44	1.0571
2014	1628.43	1.0783	1118.55	1.0401
2015	1790.87	1.0998	1114.70	0.9966
2016	1832.17	1.0231	948.98	0.8513
2017	1893.05	1.0332	895.83	0.9440
2018	1893.05	1.0000	992.96	1.1084

注　数据来源于中国统计年鉴。

三、分析对比

由图 3.13 可知，吉林省的灌溉面积大体上处于增长状态，从灌溉面积的环比发展速度可以看出辽宁省灌溉面积的增长或下降较为平缓。1978—1980 年、2012—2013 年，灌溉面积下降较多，分别减少了 307.73hm²、341.74hm²；而 1987—1988 年灌溉面积增长较多，增加了 220.89hm²。1979—1983 年，灌溉面积缓慢下降，1979—1980 年、2001—

2002 年灌溉面积有小幅度的增长，分别增加了 159.87hm² 和 164.72hm²；在 1981—1995 年期间，灌溉面积有增有减，但变化幅度不大，在 710～920hm² 间浮动；在 1995—2012 年期间，灌溉面积增长明显并达到最大灌溉面积 1851.87hm²；经历了一年灌溉面积大幅度下降后，从 2013—2016 年开始灌溉面积较快速地增长；2016 年以后的灌溉面积稳定增长并趋于稳定，基本保持在 1800hm² 以上。

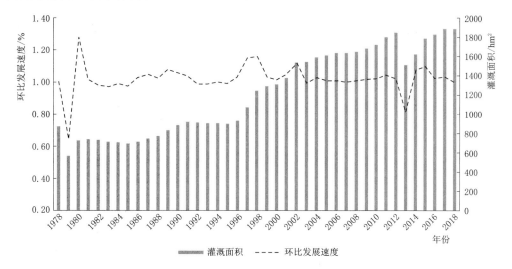

图 3.13　吉林省历年灌溉面积变化情况

由图 3.14 可知，吉林省的农业总产值基本一直处于增长状态，而农业总产值在 2002 年以前的增长幅度较为明显。1979—1993 年，农业总产值增长缓慢，且均在 180 亿元以下；在 1994—2001 年期间，农业总产值基本维持在 270 亿～300 亿元之间；2001—2015 年，农业总产值增长较快，到 2015 年农业总产值达到了最大 1400.38 亿元；在 2015—2017 年，农业总产值又有所下降，之后有所回升。

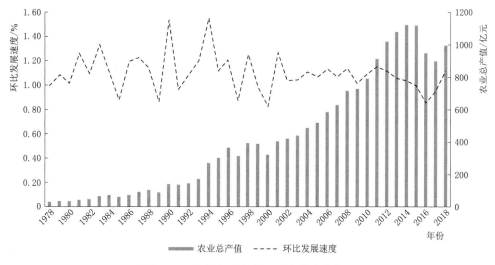

图 3.14　吉林省历年农业总产值变化情况

第八节 黑 龙 江 省

一、发展概况

黑龙江省是我国粮食主产区和最大的商品粮生产基地，在全国粮食和农业生产中具有不可替代的地位和作用，是我国 21 世纪粮食增产和粮食供给能力潜力最大的地区。为此，黑龙江省委、省政府制定了《黑龙江省千亿斤粮食生产能力建设规划》。加强农田水利建设是实现省委提出的打造千亿斤粮食产能工程，进一步提高全省农业综合生产能力，不断增加农民收入的重要基础，也是加快新农村建设，发展现代农业的必要要求。

中华人民共和国成立后，黑龙江省的水利建设进入新的发展时期，各级党组织和人民政府，为战胜水旱灾害，开发利用水资源，组织广大群众兴修了大量的水利工程。全省大规模的农田水利建设开始于 20 世纪 80 年代，从 1980 年开始，黑龙江省利用财政农水资金，有计划地发展灌溉农业，对大中型灌区渠首枢纽工程和骨干建筑物进行改造配套。累计投资 35 亿元，投工 22 亿工日，完成工程量 47 亿 m^3，已基本形成以防洪除涝和抗旱灌溉为主的水利工程体系。1980—2000 年，全省省级小型农田水利建设资金主要是用于灌区渠首改造和骨干工程配套。截至 2000 年，全省共利用小型农田水利建设资金 4.5 亿元，重点改造了 110 座渠首工程，改造维修旧坝 60 处，维修提水站 30 处，新建灌区田间骨干工程 285 处，维修 390 处。2001—2008 年，在全省范围内建设了几十处工程节水示范区；2009—2011 年，全省 66 个小型农田水利重点县列入建设计划，44 个已开工建设。这些工程的建成，不但每年减少灌区岁修费 2000 多万元，也解决了部分灌区水源工程和骨干配套工程，使现有水田提高了灌溉保证率，全省水稻灌溉面积由 1980 年的 28.3 万 hm^2 发展到 2011 年的 333.3 万 hm^2，减少了旱灾造成的损失，对全省优质水稻产区的巩固发展起到了重要作用。2016 年秋季至 2017 年 4 月黑龙江省冬春农田水利基本建设期间，计划修复水毁工程 396 处，防渗渠道 469km，新修加固堤防 706km，疏浚河道 147km，清淤沟渠 3062km，新修改造大型泵站 19 座，建设村镇供水工程 359 处，水库除险加固 20 座，新修维护塘坝 134 处，新修维护水池 100 处，新修维护灌溉机井 9426 眼，新修维护泵站 96 座；新增供水能力 18732 万 m^3，新增恢复灌溉面积 120 万亩，改善灌溉面积 169 万亩，新增改善除涝面积 519 万亩，新增旱涝保收面积 75 万亩，新增节水灌溉工程面积 121 万亩，新增节水灌溉能力 11212 万 m^3，改增中低产田 24 万亩，治理水土流失面积 491km^2，新增供水受益人口 14 万。2018 年，黑龙江省共落实高效节水灌溉面积 92.39 万亩，比国家下达任务多 12.39 万亩；为推进农业综合水价改革工作，92.39 万亩的高效节水灌溉工程全部安装水量计量设施，并给予露地每亩 100 元、棚室每亩 200 元的补助，为农业水价综合改革奠定了基础；全省全年续建了 12 处大型灌区续建配套和节水改造项目，水稻节水控制灌溉面积 1856 万亩；开展了 10 个县的农业水价改革试点工作，编制了全省年度改革实施计划，按计划完成了改革内容，全省改革实施面积达到 357.18 万亩。

二、各年灌溉面积、农业总产值及其环比发展速度的统计分析

将黑龙江省 1978—2018 年历年的有效灌溉面积及农业总产值的数据进行整理，利用环比分析法分别计算出黑龙江省灌溉面积、农业总产值及其环比发展速度，见表 3.8。

表 3.8　　　　　　　　黑龙江省灌溉面积、农业总产值及其环比发展速度

年份	灌溉面积及其环比发展速度		农业总产值及其环比发展速度	
	灌溉面积/hm^2	环比发展速度/%	农业总产值/亿元	环比发展速度/%
1978	644.80	1.0000	51.00	1.0000
1979	605.00	0.9383	57.48	1.1271
1980	670.47	1.1082	69.64	1.2116
1981	698.27	1.0415	69.35	0.9958
1982	673.60	0.9647	71.13	1.0257
1983	631.00	0.9368	84.63	1.1898
1984	623.60	0.9883	94.03	1.1111
1985	679.53	1.0897	84.62	0.8999
1986	719.67	1.0591	106.26	1.2557
1987	766.27	1.0648	104.74	0.9857
1988	992.22	1.2949	112.33	1.0725
1989	1023.89	1.0319	117.17	1.0431
1990	1078.41	1.0532	183.73	1.5681
1991	1117.80	1.0365	175.00	0.9525
1992	1156.80	1.0349	204.34	1.1677
1993	1169.18	1.0107	235.40	1.1520
1994	1015.38	0.8685	381.50	1.6206
1995	1109.25	1.0924	462.20	1.2115
1996	1333.49	1.2022	558.70	1.2088
1997	1607.03	1.2051	571.10	1.0222
1998	1815.00	1.1294	517.59	0.9063
1999	1965.64	1.0830	460.00	0.8887
2000	2031.65	1.0336	414.36	0.9008
2001	2090.35	1.0289	450.59	1.0874
2002	2185.27	1.0454	487.50	1.0819
2003	2111.53	0.9663	502.93	1.0317
2004	2282.11	1.0808	620.19	1.2332
2005	2394.07	1.0491	718.59	1.1587
2006	2649.19	1.1066	817.45	1.1376
2007	2950.25	1.1136	873.37	1.0684
2008	3122.50	1.0584	1051.75	1.2042
2009	3405.86	1.0907	1136.51	1.0806

续表

年份	灌溉面积及其环比发展速度		农业总产值及其环比发展速度	
	灌溉面积/hm²	环比发展速度/%	农业总产值/亿元	环比发展速度/%
2010	3875.22	1.1378	1320.08	1.1615
2011	4332.65	1.1180	1778.45	1.3472
2012	4776.48	1.1024	2339.82	1.3157
2013	5342.12	1.1184	2954.75	1.2628
2014	5305.20	0.9931	3193.58	1.0808
2015	5530.84	1.0425	3156.93	0.9885
2016	5932.74	1.0727	3186.71	1.0094
2017	6030.97	1.0166	3471.26	1.0893
2018	6119.57	1.0147	3634.99	1.0472

注 数据来源于中国统计年鉴。

三、分析对比

由图3.15可知，1987—1988年、2015—2016年，黑龙江省灌溉面积增长幅度都不大，分别增加了225.95hm²和401.90hm²，其他时期灌溉面积基本保持增长，从2003年开始，灌溉面积处于比较快速的增长状态，1978—2016年这一时段的最大灌溉面积5932.74hm²，2016年后黑龙江灌溉面积仍会呈现增长趋势，维持在6000hm²左右。

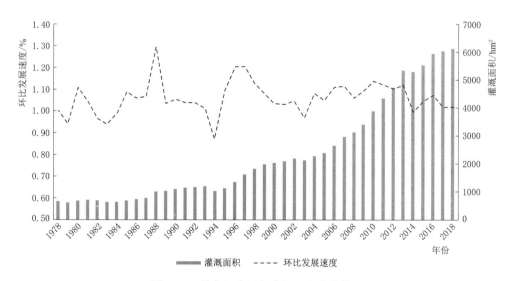

图3.15 黑龙江省历年灌溉面积变化情况

由图3.16可知，黑龙江省农业总产值的变化速度幅度较为频繁。在1979—1993年间，黑龙江农业总产值呈缓慢增长状态，但均低于240亿元；在1997—2000期间，农业总产值缓慢下降，之后开始快速增长，期间2010—2011年、2011—2012年、2012—2013年增长幅度均较大，分别增长了432.64亿元、513.80亿元和540.70亿元。

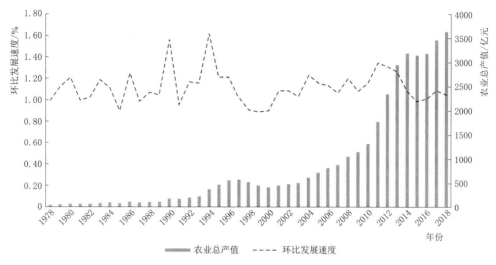

图 3.16　黑龙江省历年农业总产值变化情况

第九节　上　海　市

一、发展概况

上海是以工业为主体的拥有 2000 多万人口的大城市，耕地面积极少。在这块狭小的面积上所生产的粮食除保证郊区自给外，城市居民用粮及饲料用粮大部分靠全国支援，每年要从一些省市调入大量粮食。因此，发展上海地区的农业生产是十分重要的一件大事。

为了发展农业生产，改革开放以来，在灌溉方面，截至 2004 年年底，上海郊区拥有固定电灌站 6115 座，装机 8128 台套，动力 10.75 万 kW，建成固定、半固定喷灌站 218 座，建成地下渠道 12663km，郊区有效灌溉面积 30.978 万 hm²，占耕地面积的 79%；在防洪除涝方面，开展了以提高防洪除涝能力为目标的圩区达标建设和西部防洪除涝配套工程建设，持续实施以河道疏浚为主的冬春农田水利建设，全市拥有排涝泵站 1244 座，装机 1786 台（套），极大地提高了金山、松江、青浦三区的防洪除涝能力，改善了水环境，为农业产业结构调整和发展奠定了基础。2015—2016 年度，上海市冬春农田水利基本建设计划更新改造泵站 171 座、泵闸 77 座、水闸 19 座，整治、疏浚河道 2445km²，新增节水灌溉面积 0.36 万亩，改善灌溉面积 16.35 万亩，改善除涝面积 32.76 万亩，计划投入资金 21.29 亿元。2018 年，推进落实水务乡村振兴实施方案，完成 18.79 万户农村生活污水处理设施建设、2214km 郊区镇村级河道轮疏和 3 万亩都市现代农业示范项目建设；全力推进中央高效节水灌溉项目建设，完成建设面积 1.69 万亩，超额完成国家考核任务；同时继续加强面上农田水利基础设施建设，对老化严重的泵站、渠道、涵洞等灌排设施进行改造，提高农田灌排能力。

二、各年灌溉面积、农业总产值及其环比发展速度的统计分析

将上海市 1978—2018 年历年的有效灌溉面积及农业总产值的数据进行整理，利用环比分析法分别计算出上海市灌溉面积、农业总产值及其环比发展速度，见表 3.9。

表 3.9　　　　　　　　　上海市灌溉面积、农业总产值及其环比发展速度

年份	灌溉面积及其环比发展速度		农业总产值及其环比发展速度	
	灌溉面积/hm²	环比发展速度/%	农业总产值/亿元	环比发展速度/%
1978	354.33	1.0000	13.49	1.0000
1979	349.27	0.9857	15.10	1.1193
1980	349.20	0.9998	11.40	0.7550
1981	346.93	0.9935	11.91	1.0447
1982	347.40	1.0014	13.80	1.1587
1983	346.20	0.9965	12.59	0.9123
1984	341.67	0.9869	16.41	1.3034
1985	335.07	0.9807	15.63	0.9525
1986	326.80	0.9753	16.83	1.0768
1987	326.87	1.0002	17.69	1.0511
1988	323.33	0.9892	22.47	1.2702
1989	320.67	0.9918	25.53	1.1362
1990	320.00	0.9979	29.09	1.1394
1991	317.88	0.9934	30.51	1.0488
1992	314.43	0.9891	32.80	1.0751
1993	301.98	0.9604	40.52	1.2354
1994	291.45	0.9651	60.19	1.4854
1995	287.71	0.9872	77.71	1.2911
1996	285.37	0.9919	87.64	1.1278
1997	281.58	0.9867	85.20	0.9722
1998	277.52	0.9856	89.10	1.0458
1999	272.92	0.9834	87.90	0.9865
2000	285.90	1.0476	89.81	1.0217
2001	286.29	1.0014	95.53	1.0637
2002	270.39	0.9445	97.21	1.0176
2003	257.30	0.9516	98.16	1.0098
2004	245.72	0.9550	109.32	1.1137
2005	237.34	0.9659	111.25	1.0177
2006	237.34	1.0000	119.99	1.0786
2007	235.58	0.9926	128.17	1.0682

年份	灌溉面积及其环比发展速度		农业总产值及其环比发展速度	
	灌溉面积/hm²	环比发展速度/%	农业总产值/亿元	环比发展速度/%
2008	234.50	0.9954	139.29	1.0868
2009	202.32	0.8628	151.00	1.0841
2010	201.00	0.9935	159.98	1.0595
2011	199.61	0.9931	169.82	1.0615
2012	199.02	0.9970	176.80	1.0411
2013	184.09	0.9250	177.93	1.0064
2014	184.09	1.0000	175.46	0.9861
2015	188.21	1.0224	167.86	0.9567
2016	189.81	1.0085	146.58	0.8732
2017	190.76	1.0050	146.40	0.9988
2018	190.76	1.0000	150.09	1.0252

注 数据来源于中国统计年鉴。

三、分析对比

由图 3.17 可知，上海市的灌溉面积整体呈现下降趋势，但在 1999—2000 年，灌溉面积小幅度增长，增加的灌溉面积为 12.98hm²；在 2008—2009 年，灌溉面积下降明显加快。由于上海沿海城市，其他产业较发达，农业会有所降低，最终在 200hm² 上下浮动。

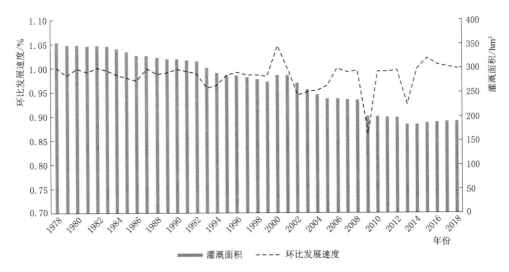

图 3.17 上海市历年灌溉面积变化情况

由图 3.18 可知，上海市的农业总产值基本处于增长状态。根据农业总产值的环比发展速度看出，1997 年前农业总产值的变化速度浮动较大，1979—1988 年，上海市农业总产值基本维持在 25 亿元以下，期间有增有减，但变化幅度较小，基本都在 10 亿~23 亿元之间浮动；1993—1995 年期间增长速度较快，分别增加了 19.67 亿元和 17.52 亿元；从 2013 年开始，上海市农业总产值呈现下降趋势，之后稳定在某一水平。

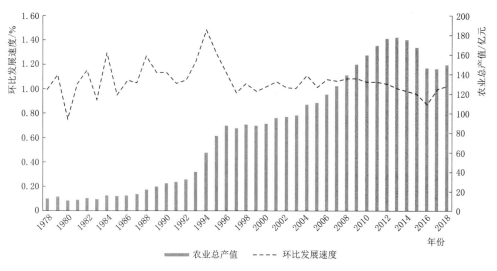

图 3.18　上海市历年农业总产值变化情况

第十节　江　苏　省

一、发展概况

　　江苏地处江、淮、沂、沭、泗诸大河流下游，素有"洪水走廊"之称，而且又处在南北气候的过渡地带，洪、涝、旱以及台风等自然灾害频繁。中华人民共和国成立以前，江苏农田水利基础很差，水系紊乱，堤防残缺，难以摆脱"大雨大灾、小雨小灾、无雨旱灾"的局面。经过江苏各地多年的发展，到 20 世纪 90 年代，江苏省已兴建水库 1000 余座，修建塘坝 28 万多座，开挖沟渠 73 万多条，兴建小型机电排灌站 6 万多座，千万处农田水利工程与大中型骨干工程紧密结合，基本形成了防洪、挡潮、排涝、灌溉、降渍五套工程系统，大大改善了生产条件。"九五"期间，江苏省水利建设在 90 年代初形成的治水高潮的基础上，紧紧抓住国家实施积极财政政策的机遇，五年来，全省水利建设投资总投入超过 240 亿元，其中省重点工程投入高达 125 亿元，兴建了一批重点水利工程，进一步强化了水利基础设施。"十二五"期间，全省农田水利建设累计完成投资 363 亿元，有效灌溉面积增加到 5988 万亩，占耕地面积的 86％，有效改善了农业生产条件。2016 年，江苏省全省水利基本建设完成投资 126 亿元，占年度计划的 105％。全省农村水利建设完成投资 112 亿元，超额完成考核目标，新增有效灌溉面积 62 万亩、旱涝保收农田 130 万亩、节水灌溉面积 288 万亩，建成高效节水灌溉面积 32.2 万亩。完成重点水利工程建设达 120 亿元，农田水利建设 109.8 亿元。2018 年，全省农村水利共完成投资 108 亿元，占计划任务的 102％；新增高效节水灌溉面积 50.6 万亩，占国家考核任务的 112％，有效灌溉面积、旱涝保收农田面积占比稳居全国前列，疏浚农村河道土方 2.55 亿 m³；投入水库移民扶持资金 6.38 亿元，助力 30 个经济薄弱移民村脱贫；规范组建农民用水合作组织

2355个，成立专业服务组织和村级灌排服务队1304个。江苏省农田水利在实践中逐步发展，不断提高，形成自己的特色，达到一定的规模，跨入到全国的先进行列。

二、各年灌溉面积、农业总产值及其环比发展速度的统计分析

将江苏省从1978—2018年历年的有效灌溉面积及农业总产值的数据进行整理，利用环比分析法分别计算出江苏省灌溉面积、农业总产值及其环比发展速度，见表3.10。

表3.10 江苏省灌溉面积、农业总产值及其环比发展速度

年份	灌溉面积及其环比发展速度		农业总产值及其环比发展速度	
	灌溉面积/hm²	环比发展速度/%	农业总产值/亿元	环比发展速度/%
1978	3241.93	1.0000	85.17	1.0000
1979	3368.27	1.0390	114.26	1.3416
1980	3412.80	1.0132	105.98	0.9275
1981	3455.67	1.0126	119.90	1.1313
1982	3475.93	1.0059	145.69	1.2151
1983	3495.47	1.0056	160.38	1.1008
1984	3596.33	1.0289	193.28	1.2051
1985	3587.93	0.9977	201.85	1.0443
1986	3537.80	0.9860	235.07	1.1646
1987	3518.47	0.9945	257.90	1.0971
1988	4020.34	1.1426	310.20	1.2028
1989	4007.77	0.9969	325.02	1.0478
1990	3970.92	0.9908	362.46	1.1152
1991	3849.84	0.9695	354.42	0.9778
1992	3856.59	1.0018	411.33	1.1606
1993	3823.87	0.9915	518.55	1.2607
1994	3825.06	1.0003	777.94	1.5002
1995	3832.78	1.0020	986.15	1.2676
1996	3837.78	1.0013	1062.39	1.0773
1997	3839.35	1.0004	1085.26	1.0215
1998	3855.44	1.0042	1096.88	1.0107
1999	3885.78	1.0079	1095.10	0.9984
2000	3900.85	1.0039	1096.02	1.0008
2001	3921.10	1.0052	1142.67	1.0426
2002	3886.04	0.9911	1165.50	1.0200
2003	3840.98	0.9884	981.25	0.8419
2004	3839.02	0.9995	1242.41	1.2662
2005	3817.67	0.9944	1291.06	1.0392
2006	3837.72	1.0053	1416.91	1.0975

续表

年份	灌溉面积及其环比发展速度		农业总产值及其环比发展速度	
	灌溉面积/hm^2	环比发展速度/%	农业总产值/亿元	环比发展速度/%
2007	3826.96	0.9972	1540.39	1.0871
2008	3817.10	0.9974	1741.99	1.1309
2009	3813.66	0.9991	1940.10	1.1137
2010	3819.74	1.0016	2256.99	1.1633
2011	3817.92	0.9995	2622.67	1.1620
2012	3929.72	1.0293	2942.11	1.1218
2013	3785.27	0.9632	3137.14	1.0663
2014	3890.53	1.0278	3325.67	1.0601
2015	3952.50	1.0159	3675.87	1.1053
2016	4054.07	1.0257	3663.42	0.9966
2017	4131.88	1.0192	3764.73	1.0277
2018	4179.83	1.0116	3735.02	0.9921

注　数据来源于中国统计年鉴。

三、分析对比

由图 3.19 可知，江苏省灌溉面积整体呈现稳定状态。1987—1988 年期间江苏省灌溉面积有明显的增长，为 501.87hm^2；2012—2013 年江苏省灌溉面积小幅度地下降，为 144.45hm^2。1978—1987 年，期间灌溉面积有增有减，但幅度变化较小；1988—2016 年灌溉面积基本处于稳定状态，在 4000hm^2 上下浮动，但在 2013 年之后，灌溉面积呈增长趋势。

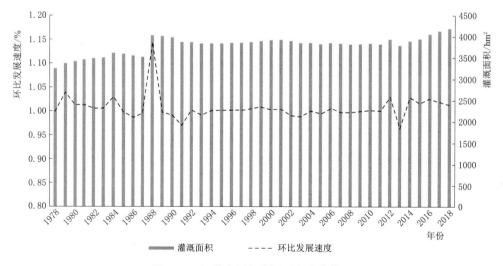

图 3.19　江苏省历年灌溉面积变化情况

由图 3.20 可知，在 1979—1992 年期间江苏省农业总产值呈缓慢增长状态，但均低于 420 亿元，在 1996 年农业总产值突破 1000 亿元；在 1993—1994 年、2014—2015 年期间农业总产值增长幅度较大，分别增长了 259.39 亿元、359.29 亿元；在 2002—2003 年农业总产值有小幅度的回落，减少了 184.25 亿元。从 2005—2015 年，农业总产值增长较快且增长速度接近匀速，2015—2018 年期间农业总产值波动幅度较小。

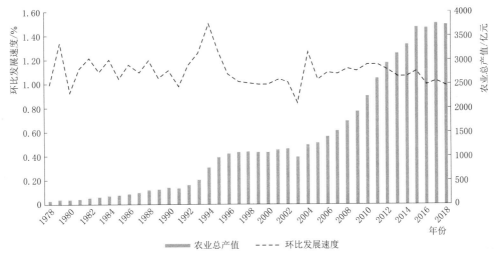

图 3.20　江苏省历年农业总产值变化情况

第十一节　浙　江　省

一、发展概况

中华人民共和国成立以后，浙江省根据山丘面积大，雨量丰而不匀，河流源短流急等特点，以运用现代水工技术，拦截溪河筑坝，建设水库为主。水库工程从小到大，从少到多，成为农田灌溉的主力军。1949—1997 年，全省建成以灌溉、防洪为主的水库 3697 座，其中大型水库 22 座，中型水库 106 座，小（1）型水库 608 座，小（2）型水库 2961 座，总库容 34547 亿 m³；灌溉农田 7045 万多亩，对抗御水旱灾害，保障和促进农业生产以至整个社会经济发展都发挥了显著作用。到 2008 年年底，全省旱涝保收面积、机电排灌面积分别是 1949 年的 10.5 倍和 62.8 倍，农业机械化水平大幅提高，2008 年全省农机总动力达到了 2331 万 kW。

进入 20 世纪以来，进一步加强农业基础设施建设，完成了一大批水库、堤塘等农业基础设施建设项目，建成标准农田 1500 万亩，设施农业面积达到 130.5 万亩。"十二五"期间，浙江省全省新增旱涝保收面积 325 万亩，扩大灌溉面积 300 万亩，新增固定喷微灌面积 100 万亩，标准农田质量提升区域灌溉保证率达到 90% 以上，旱涝保收面积占基本农田保护面积的比重由 60% 提高到 70% 以上，高效节水灌溉面积占有效灌溉面积的比重由 9% 提高到 20%，灌溉水利用系数由 0.56 提高到 0.58 以上，到 2015 年年底，全省 60% 以上有农田水利建设任务的县、市、区农田水利各项指标达到标准化建设要求。2018 年，浙江省共开展 30 个中央财政小型农田水利项目县，渠系配套改造 350km，综合整治山塘 246 座，新建高效节水灌溉工程面积 1.08 万 hm²，全省立项实施中型灌区节水配套改造项目 4 个，总投资 13304.15 万元。

二、各年灌溉面积、农业总产值及其环比发展速度的统计分析

将浙江省 1978—2018 年历年的有效灌溉面积及农业总产值的数据进行整理，利用环比分析法分别计算出浙江省灌溉面积、农业总产值及其环比发展速度，见表 3.11。

表 3.11　　　　　　　　浙江省灌溉面积、农业总产值及其环比发展速度

年份	灌溉面积及其环比发展速度		农业总产值及其环比发展速度	
	灌溉面积/hm²	环比发展速度/%	农业总产值/亿元	环比发展速度/%
1978	1505.27	1.0000	50.82	1.0000
1979	1519.93	1.0097	69.47	1.3670
1980	1524.67	1.0031	64.23	0.9246
1981	1523.27	0.9991	69.21	1.0775
1982	1525.27	1.0013	84.61	1.2225
1983	1525.27	1.0000	83.65	0.9887
1984	1529.20	1.0026	102.80	1.2289
1985	1528.00	0.9992	111.20	1.0817
1986	1496.60	0.9795	122.97	1.1058
1987	1496.27	0.9998	141.09	1.1474
1988	1483.84	0.9917	162.80	1.1539
1989	1481.09	0.9981	181.26	1.1134
1990	1477.08	0.9973	199.48	1.1005
1991	1476.17	0.9994	217.21	1.0889
1992	1463.73	0.9916	226.46	1.0426
1993	1448.84	0.9898	274.85	1.2137
1994	1428.21	0.9858	372.97	1.3570
1995	1418.99	0.9935	481.90	1.2921
1996	1408.01	0.9923	517.29	1.0734
1997	1402.87	0.9963	516.21	0.9979
1998	1385.77	0.9878	522.98	1.0131
1999	1400.81	1.0109	519.00	0.9924
2000	1403.24	1.0017	520.39	1.0027
2001	1403.99	1.0005	529.47	1.0174
2002	1405.84	1.0013	532.20	1.0052
2003	1404.13	0.9988	529.44	0.9948
2004	1405.31	1.0008	592.59	1.1193
2005	1411.06	1.0041	654.81	1.1050
2006	1422.32	1.0080	684.00	1.0446
2007	1431.40	1.0064	732.67	1.0712

年份	灌溉面积及其环比发展速度		农业总产值及其环比发展速度	
	灌溉面积/hm²	环比发展速度/%	农业总产值/亿元	环比发展速度/%
2008	1435.90	1.0031	805.93	1.1000
2009	1446.37	1.0073	867.45	1.0763
2010	1450.98	1.0032	1023.02	1.1793
2011	1456.80	1.0040	1126.81	1.1015
2012	1471.02	1.0098	1197.12	1.0624
2013	1409.39	0.9581	1295.98	1.0826
2014	1425.37	1.0113	1337.71	1.0322
2015	1432.15	1.0048	1378.65	1.0306
2016	1446.31	1.0099	1455.29	1.0556
2017	1444.70	0.9989	1494.49	1.0269
2018	1440.80	0.9973	1517.96	1.0157

注 数据来源于中国统计年鉴。

三、分析对比

由图 3.21 可知，在 1985—1986 年、1997—1998 年、2012—2013 年期间，浙江省灌溉面积均有较明显的下降，且减少的灌溉面积分别为 31.40hm²、17.10hm²、61.63hm²。1998—1999 年，灌溉面积有小幅度增长，增加的灌溉面积为 15.04hm²。1978—1984 年，灌溉面积都在缓慢增长，到 1984 年时，灌溉面积达到最大值 1529.20hm²；之后灌溉面积呈下降状态。由于受到 1998 年洪水影响，使得 1998 年灌溉面积成为浙江省历年最小灌溉面积；1998—2012 年，灌溉面积开始增长，经过 2012—2013 年灌溉面积的骤减后，2013—2016 年又开始缓慢增长，之后有下降趋势。

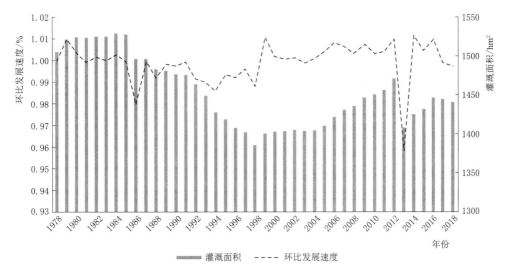

图 3.21 浙江省历年灌溉面积变化情况

由图 3.22 可知，浙江省农业总产值的总体变化基本处于增长趋势。根据农业总产值的环比发展速度可以看出，1979—1990 年，农业总产值呈缓慢增长状态，但均低于 200 亿元；在 1996—2003 年期间，农业总产值基本稳定，即在 500 亿元上下浮动；2003—2018 年一直处于增长状态，2009—2010 年的增长幅度较大，农业总产值增长了 162.25 亿元，之后一直呈现快速增长状态。

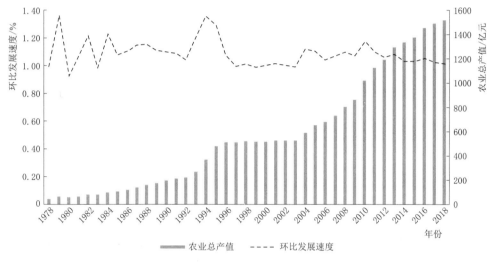

图 3.22　浙江省农业总产值变化情况

第十二节　安　徽　省

一、发展概况

安徽地处中国华东地区，地处长江、淮河中下游，长江三角洲腹地，居中靠东、沿江通海，东连江苏，西接湖北、东南接浙江，南邻江西，北靠山东。由于地处南北气候过渡地带，气象复杂多变，降雨的时空分布极不均匀，时而暴雨成灾，时而干旱缺水。中华人民共和国成立后，党和政府对安徽省淮北地区的治水工作十分重视，历来都把淮北作为全省水利建设的重点，首先侧重防洪除涝，继而发展灌溉，逐步开展综合治理，使水利条件逐步改善，农业生产不断发展。经过 50 余年的发展，到 1997 年年底，淮北地区整修加固的堤防达 6593km，治理河道 6317km，打机井 14.2 万眼，除涝面积已达 2231 万亩，有效灌溉面积达 1671 万亩，大大促进了淮北农业的发展。

针对安徽省水资源短缺已成为制约全省农业和国民经济发展重要因素的现实，1991年全国节水灌溉工作会议后，省政府及时召开全省节水灌溉工作会议，成立节水灌溉领导小组，加强了领导，全面实施 "3181" 工程，即 "九五" 期间全省新增 310 万亩节水灌溉面积；抓好 8 个全国节水增产重点县建设；建成 10 个高标准节水灌溉工程示范片。仅1996 年全省用于节水灌溉工程投入就达 2.3 亿元、新增各类节水灌溉工程面积 45 万亩，全省节水灌溉工程面积累计达 500 多万亩。

1998 年以来，中华人民共和国成立后建设的全国最大灌区——淠史杭迎来新生，连同驷马山、花凉亭、女山湖四大灌区被国家批准实施续建配套与节水改造,投资 4.84 亿元,实施项目达 88 个,其工程状况、灌排能力、管理运行效率和生态环境得到明显改善,水资源的有效利用率有所提高,农业的防灾抗灾能力和综合生产能力不断增强。

"十五"期间,安徽省全面推进农村税费改革,各地从实际出发,因地制宜确定工作重点,在实践中不断调整农田水利基本建设工作思路,创新组织形式、投入方式和工作方法,充分尊重民意,灵活运用"一事一议",创造性地实行了"一圩一议""一库一议""一渠一议"等办法,为兴建跨村、跨乡工程的筹资投劳提供了一条重要途径,保持了农田水利基本建设的健康发展。全省新增有效灌溉面积 190 万亩、除涝面积 84 万亩,极大地改善了农业生产条件,为农业增产、农民增收奠定了坚实的基础。

"十三五"期间安徽省已累计完成水利投资 2101 亿元,是"十二五"的近 2 倍,其中中央投资 466 亿元、比"十二五"增长 30%,省级投资 336 亿元、比"十二五"增长110%,以引江济淮等 17 项国家重大水利工程为重点,一批大江大河治理和区域水资源配置骨干水利基础设施加快推进。2018 年启动实施农田水利"最后一公里"建设,完成年度治理面积 836 万亩。加快实施淠史杭、驷马山、茨淮新河等 7 个大型灌区和 71 处重点中型灌区续建配套与节水改造,改善灌溉面积 633 万亩,新增粮食生产能力 32.6 亿 kg。

二、各年灌溉面积、农业总产值及其环比发展速度的统计分析

将安徽省 1978—2018 年历年的有效灌溉面积及农业总产值的数据进行整理,利用环比分析法分别计算出安徽省灌溉面积、农业总产值及其环比发展速度,见表 3.12。

表 3.12　　　　　　　　安徽省灌溉面积、农业总产值及其环比发展速度

年份	灌溉面积及其环比发展速度		农业总产值及其环比发展速度	
	灌溉面积/hm²	环比发展速度/%	农业总产值/亿元	环比发展速度/%
1978	2397.53	1.0000	59.45	1.0000
1979	2518.60	1.0505	67.14	1.1294
1980	2438.00	0.9680	68.64	1.0223
1981	2393.33	0.9817	98.06	1.4286
1982	2314.13	0.9669	104.84	1.0691
1983	2228.33	0.9629	111.41	1.0627
1984	2160.80	0.9697	126.43	1.1348
1985	2106.00	0.9746	145.31	1.1493
1986	2092.27	0.9935	166.34	1.1447
1987	2156.60	1.0307	187.83	1.1292
1988	2484.70	1.1521	214.92	1.1442
1989	2557.67	1.0294	236.34	1.0997
1990	2633.01	1.0295	260.85	1.1037
1991	2719.39	1.0328	206.29	0.7908

续表

年份	灌溉面积及其环比发展速度		农业总产值及其环比发展速度	
	灌溉面积/hm²	环比发展速度/%	农业总产值/亿元	环比发展速度/%
1992	2768.72	1.0181	262.32	1.2716
1993	2818.30	1.0179	357.05	1.3611
1994	2871.02	1.0187	507.36	1.4210
1995	2933.74	1.0218	637.91	1.2573
1996	2971.44	1.0129	683.66	1.0717
1997	3048.98	1.0261	701.10	1.0255
1998	3100.14	1.0168	679.61	0.9693
1999	3156.83	1.0183	706.80	1.0400
2000	3197.35	1.0128	675.27	0.9554
2001	3228.73	1.0098	687.97	1.0188
2002	3263.82	1.0109	712.38	1.0355
2003	3285.38	1.0066	617.92	0.8674
2004	3303.49	1.0055	842.02	1.3627
2005	3330.84	1.0083	818.48	0.9720
2006	3347.27	1.0049	907.53	1.1088
2007	3420.42	1.0219	1008.19	1.1109
2008	3453.70	1.0097	1145.82	1.1365
2009	3484.08	1.0088	1246.98	1.0883
2010	3519.78	1.0102	1477.30	1.1847
2011	3547.65	1.0079	1640.30	1.1103
2012	3585.09	1.0106	1789.46	1.0909
2013	4305.53	1.2010	1916.19	1.0708
2014	4331.69	1.0061	2027.09	1.0579
2015	4400.34	1.0158	2080.09	1.0261
2016	4437.46	1.0084	2137.03	1.0274
2017	4504.14	1.0150	2241.42	1.0488
2018	4538.29	1.0076	2253.66	1.0055

注 数据来源于中国统计年鉴。

三、分析对比

由图 3.23 可知，安徽省的灌溉面积大体上是处于增长状态的，从灌溉面积的环比发展速度可以看出安徽省的灌溉面积的增长或下降都是比较缓和的。在 1987—1988 年、

2012—2013 年期间灌溉面积均有较明显的增长，分别增加了 328.10hm²、720.44hm²。1979—1986 年，灌溉面积缓慢下降至 2092.27hm²；1986—2018 年，灌溉面积基本在缓慢增长，2018 年之后的灌溉面积基本会缓慢增长并稳定在某一水平。

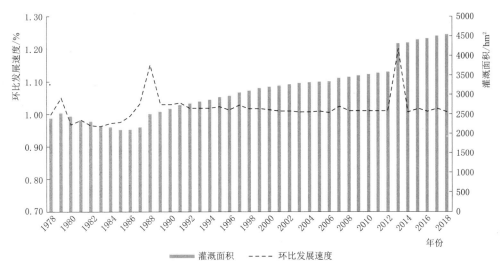

图 3.23　安徽省历年灌溉面积变化情况

由图 3.24 可知，安徽省农业总产值的总体变化基本处于增长趋势，根据农业总产值的环比发展速度可以看出，在 1979—1992 年期间农业总产值呈缓慢增长状态，在 1990—1991 年有小幅度下降，但农业总产值均低于 265 亿元；在 1998—2003 年期间，农业总产值有增有减，且变化幅度不大，均在 610 亿～710 亿元之间；之后 2004—2016 年基本处于较快速的增长状态，期间 2009—2010 年的增长幅度较大，增长了 254.61 亿元，之后两年趋于稳定状态。

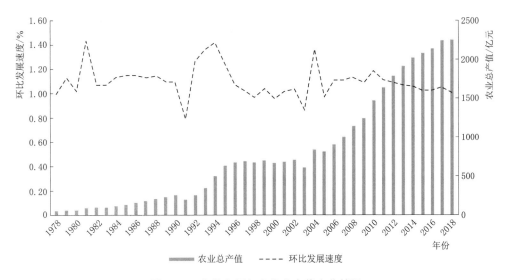

图 3.24　安徽省历年农业总产值变化情况

第十三节　福　建　省

一、发展概况

中华人民共和国成立初期，福建全省水利设施绝大部分是引水灌溉工程，设施简陋，规模小，且年久失修，破损残缺。全省水利基础设施十分薄弱。改革开放以来，福建省农田水利建设取得了辉煌成就。至 1998 年年末，全省已建成大、中、小型水库 2963 座，总库容 110 亿 m^3，年工程供水量 145 亿 m^3，灌溉千亩以上的引水工程由中华人民共和国成立初期的 189 处增加到 631 处，年有效引水量 63 亿 m^3。全省建成大、中、小型水利工程近 40 万处，使农田有效灌溉面积由中华人民共和国成立初期的 960 万亩扩大到 1397.82 万亩，占全省耕地面积的 78%，保灌面积由中华人民共和国成立初期的 495 万亩扩大到 1132.36 万亩，占全省有效灌溉面积的 81%。在节水灌溉方面也做了不少工作，发展节水灌溉面积 531.41 万亩。

2000 年，农村改革出台了重大改革措施，农业和农村经济发展进入新的阶段，农田水利事业不断发展。2007 年，全省新增有效灌溉面积 1429.35 万亩，比 1978 年增长 10.5%；新增旱涝保收面积 1019.48 万亩，比 1978 年增长 80.8%；新增机电排灌面积 229.82 万亩，比 1978 年增长 6.5%。2016 年，福建省水利投资再创新高。全省全年完成水利投资 343.9 亿元，占计划的 93.0%，其中重大项目完成 248.5 亿元，占计划的 91.3%。2018 年，福建省新增立项 28 个高效节水灌溉建设项目县 67 个高标准农田节水灌溉项目县和 2 个重点中型灌区节水配套改造，强化农田水利设施建设；发展高效节水灌溉面积 1.24 万 hm^2，完成投资 3.23 亿元；建成高标准农田节水灌溉面积 1.38 万 hm^2，完成投资 2.17 亿元。

二、各年灌溉面积、农业总产值及其环比发展速度的统计分析

将福建省 1978—2018 年历年的有效灌溉面积及农业总产值的数据进行整理，利用环比分析法分别计算出福建省灌溉面积、农业总产值及其环比发展速度，见表 3.13。

表 3.13　　　　　　　　福建省灌溉面积、农业总产值及其环比发展速度

年份	灌溉面积及其环比发展速度		农业总产值及其环比发展速度	
	灌溉面积/hm^2	环比发展速度/%	农业总产值/亿元	环比发展速度/%
1978	862.53	1.0000	28.22	1.0000
1979	878.60	1.0186	29.29	1.0379
1980	881.07	1.0028	31.13	1.0628
1981	836.07	0.9489	37.93	1.2184
1982	812.60	0.9719	42.74	1.1268
1983	819.13	1.0080	44.11	1.0321
1984	804.20	0.9818	50.81	1.1519
1985	787.47	0.9792	59.34	1.1679
1986	913.60	1.1602	60.76	1.0239

年份	灌溉面积及其环比发展速度		农业总产值及其环比发展速度	
	灌溉面积/hm²	环比发展速度/%	农业总产值/亿元	环比发展速度/%
1987	921.67	1.0088	72.08	1.1863
1988	924.00	1.0025	94.08	1.3052
1989	927.40	1.0037	108.10	1.1490
1990	933.63	1.0067	118.31	1.0944
1991	939.72	1.0065	133.34	1.1270
1992	943.85	1.0044	150.64	1.1297
1993	945.20	1.0014	190.28	1.2631
1994	937.57	0.9919	260.69	1.3700
1995	936.53	0.9989	340.48	1.3061
1996	934.99	0.9984	383.18	1.1254
1997	933.41	0.9983	391.30	1.0212
1998	932.87	0.9994	410.96	1.0502
1999	929.51	0.9964	425.20	1.0347
2000	940.18	1.0115	420.98	0.9901
2001	942.35	1.0023	433.24	1.0291
2002	938.80	0.9962	444.20	1.0253
2003	939.95	1.0012	466.75	1.0508
2004	941.46	1.0016	525.80	1.1265
2005	949.71	1.0088	571.01	1.0860
2006	950.50	1.0008	601.96	1.0542
2007	952.96	1.0026	670.95	1.1146
2008	955.50	1.0027	731.30	1.0899
2009	960.12	1.0048	776.16	1.0613
2010	967.51	1.0077	899.39	1.1588
2011	967.48	1.0000	1025.03	1.1397
2012	968.51	1.0011	1119.42	1.0921
2013	1122.42	1.1589	1196.59	1.0689
2014	1116.12	0.9944	1307.63	1.0928
2015	1061.65	0.9512	1358.58	1.0390
2016	1055.37	0.9941	1474.49	1.0853
2017	1064.84	1.0090	1527.00	1.0356
2018	1085.18	1.0191	1653.45	1.0828

注　数据来源于中国统计年鉴。

三、分析对比

由图 3.25 可知，福建省灌溉面积整体稳定，根据灌溉面积的环比发展速度可以看出，1985—1986 年、2012—2013 年，灌溉面积有明显增长，增加灌溉面积分别为 126.13hm² 和 153.91hm²；1980—1985 年，灌溉面积呈缓慢下降状态；在 1986—2012 年期间福建省灌溉面积基本维持在 910～970hm² 之间；经过一个骤增之后，2013—2016 年，灌溉面积处于缓慢下降，之后开始缓慢上升。

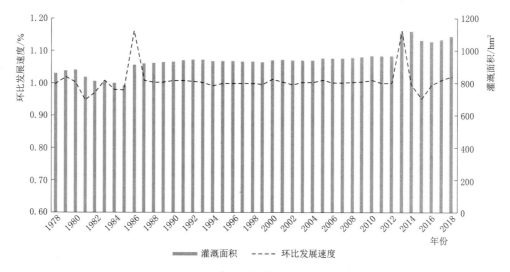

图 3.25　福建省历年灌溉面积变化情况

由图 3.26 可知，福建省农业总产值的大体上处于增长趋势，根据农业总产值的环比发展速度可以看出，1979—1993 年，农业总产值一直呈缓慢增长状态，且均在 200 亿元以下；1998—2002 年，农业总产值基本维持在 410～445hm²；2003—2018 年，农业总产值一直处于较快的增长状态中。

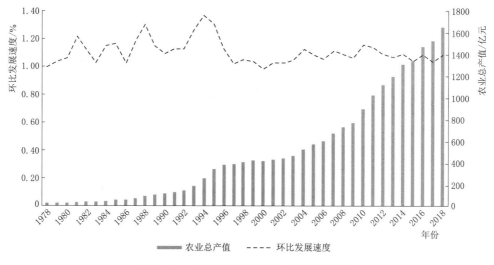

图 3.26　福建省历年农业总产值变化情况

第十四节 江 西 省

一、发展概况

改革开放以后，全省用于农田基本建设的投入逐年增加，建成了一批灌溉、防洪、排涝等工程设施，为农业和农村经济发展提供了强有力的服务和保障体系，极大地增强了农业抗御自然灾害的能力，促进了农业生产的稳定增长。2008年年末，全省已建成蓄水工程25.85万座，大中型水库263座，蓄水工程总库容达306.9亿 m^3，比1978年增长27.6%。全省有效灌溉面积184.117 hm^2，占耕地面积的比重由1949年的33%上升到2008年的84.2%；旱涝保收面积148.197 hm^2，占耕地面积的比重由1949年的20.3%上升到2008年的67.8%。截至2015年年底，全省农田有效灌溉面积达3040万亩，0.2 m^3/s流量以上的渠道有6.92万km，小型以上泵站近2万座，0.0510万 m^3 的山塘共有19.96万座，总库容25.69亿 m^3，山塘所涉及的农田灌溉面积720.48万亩。

2016年，江西省有12座大型灌区列入国家大型灌区续建配套与节水改造规划，自1998年以来中央下达全省大型灌区骨干工程投资计划24.13亿元，其中，中央投资14.43亿元，地方配套投资9.7亿元。江西省中型灌区续建配套与节水改造项目投资来源主要为农发中型灌区改造项目，2000年以来中央共下达农发中型灌区投资计划738亿元涉及44个重点中型灌区，江西省自2006年启动了大型排涝泵站更新改造项目，先后有17处列入中部四省大型排涝泵站更新改造计划，6处列入全国大型灌溉排水泵站更新改造计划，总投资10.74亿元，共改造156座，装机17.99万kW。2009年以来，江西省总计有219县次被列为小农水重点县或项目县，已基本实现重点县全省覆盖，八年来江西省小农水重点县和项目县共下达投资近140亿元，其中，争取中央财政资金48亿元，省级财政投入45亿元，县级财政投入21.5亿元，群众投劳折资等其他投资25.5亿元。通过这几年小农水建设和改造，新增和恢复灌溉面积543万亩，改善灌溉面积1040万亩，新增节水能力20亿 m^3，新增粮食生产能力226万t，有力支持了江西省粮食生产安全。

截至2017年3月底，江西省农田水利基本建设任务共完成投资272.04亿元，占年度计划任务的102.63%，超额完成建设任务。新增灌溉面积148.99万亩，恢复和改善灌溉面积463.88万亩，新增除涝面积40.82万亩，改善除涝面积69.31万亩，新增旱涝保收面积126.41万亩，新增节水灌溉面积271.43万亩，改造中低产田60.4万亩，治理水土流失面积918.27 km^2。

二、各年灌溉面积、农业总产值及其环比发展速度的统计分析

将江西省1978—2018年历年的有效灌溉面积及农业总产值的数据进行整理，利用环比分析法分别计算出江西省灌溉面积、农业总产值及其环比发展速度，见表3.14。

三、分析对比

由图3.27可知，江西省灌溉面积整体呈现较稳定的状态。根据灌溉面积的环比发展速度可以看出，在1981—1982年江西省灌溉面积有较明显的下降，减少的灌溉面积为82.66 hm^2，1982—1983年有明显增长，增加的灌溉面积为216.80 hm^2。1978—1981年，灌溉面积处于缓慢的增长状态；在1983—2012年期间灌溉面积的变化幅度很小，都维持

表 3.14 江西省灌溉面积、农业总产值及其环比发展速度

年份	灌溉面积及其环比发展速度		农业总产值及其环比发展速度	
	灌溉面积/hm²	环比发展速度/%	农业总产值/亿元	环比发展速度/%
1978	1641.07	1.0000	36.48	1.0000
1979	1656.00	1.0091	48.17	1.3204
1980	1669.60	1.0082	48.24	1.0015
1981	1671.33	1.0010	52.24	1.0829
1982	1588.67	0.9505	58.69	1.1235
1983	1805.47	1.1365	59.44	1.0128
1984	1811.80	1.0035	66.55	1.1196
1985	1812.40	1.0003	74.03	1.1124
1986	1814.13	1.0010	76.87	1.0384
1987	1821.40	1.0040	89.00	1.1578
1988	1817.17	0.9977	96.26	1.0816
1989	1826.01	1.0049	111.12	1.1544
1990	1836.75	1.0059	153.46	1.3810
1991	1848.00	1.0061	161.23	1.0506
1992	1855.29	1.0039	168.35	1.0442
1993	1864.33	1.0049	196.14	1.1651
1994	1871.02	1.0036	276.27	1.4085
1995	1879.65	1.0046	331.64	1.2004
1996	1889.14	1.0050	386.32	1.1649
1997	1900.13	1.0058	394.61	1.0215
1998	1896.98	0.9983	361.54	0.9162
1999	1901.11	1.0022	388.20	1.0737
2000	1903.41	1.0012	387.27	0.9976
2001	1897.50	0.9969	405.92	1.0482
2002	1888.26	0.9951	421.49	1.0384
2003	1879.08	0.9951	383.71	0.9104
2004	1847.49	0.9832	491.06	1.2798
2005	1831.41	0.9913	510.47	1.0395
2006	1836.07	1.0025	557.19	1.0915
2007	1839.96	1.0021	623.06	1.1182

续表

年份	灌溉面积及其环比发展速度		农业总产值及其环比发展速度	
	灌溉面积/hm²	环比发展速度/%	农业总产值/亿元	环比发展速度/%
2008	1841.20	1.0007	698.35	1.1208
2009	1840.43	0.9996	736.07	1.0540
2010	1852.39	1.0065	810.68	1.1014
2011	1867.67	1.0082	931.17	1.1486
2012	1907.06	1.0211	1020.74	1.0962
2013	1995.60	1.0464	1094.72	1.0725
2014	2001.57	1.0030	1170.83	1.0695
2015	2027.67	1.0130	1361.85	1.1631
2016	2036.83	1.0045	1435.31	1.0539
2017	2039.42	1.0013	1489.29	1.0376
2018	2032.02	0.9964	1549.22	1.0402

注 数据来源于中国统计年鉴。

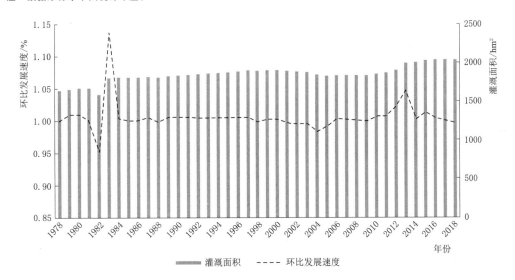

图 3.27 江西省历年灌溉面积变化情况

在 1805～1910hm² 之间；在 2013 年之后，灌溉面积呈缓慢增长趋势，基本维持在 2000hm² 这一水平。

由图 3.28 可知，江西省农业总产值大体上处于增长趋势，根据农业总产值的环比发展速度可以看出，1979—1993 年，农业总产值一直呈缓慢增长状态，且均在 200 亿元以下；1998—2003 年期间，江西省农业总产值基本维持在 360 亿～425 亿元之间；在 2004—2018 年期间农业总产值一直处于较快的增长状态中，且在 2014—2015 年期间，农业总产值变化幅度较大，增加了 182.82 亿元。

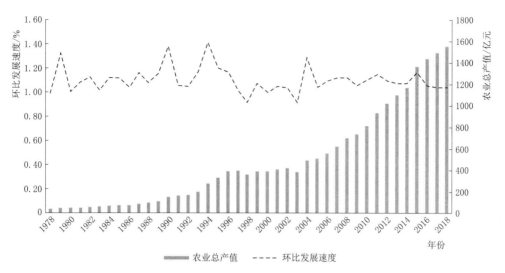

图 3.28　江西省历年农业总产值变化情况

第十五节　山　东　省

一、发展概况

山东是农业大省、粮食主产省，也是水资源严重短缺省份，人多地少水缺是基本省情水情。山东省多年平均水资源总量 303 亿 m³，人均、亩均仅为 322m³、263m³，分别不足全国平均量的 1/6、1/7，搞好农田灌排体系建设、提高抗御旱涝灾害能力对山东农业生产、粮食安全具有特殊意义。20 世纪 80 年代至 21 世纪初，因实行家庭联产承包责任制、农村税费改革，特别是取消"两工"等政策调整，农田水利建设受到一定影响。2004 年起中央连续多年印发一号文件，出台了一系列支农惠农富农政策，强化农田水利基础地位，农田水利的组织发动方式和建设投入方式得到改善，农田水利建设进入平稳发展阶段。截至 2014 年年底，全省共建成各类水库 6424 座，总库容 219 亿 m³，其中大中型水库 244 座，小型水库 6180 座。塘坝 5.15 万处，总容积 12.3 亿 m³。水闸 1756 座，机电井 111 万眼。建成各类灌区 148197 处，其中大型灌区 53 处、中型灌区 444 处、小型灌区 14.77 万处；全省农田有效灌溉面积由中华人民共和国成立之初的 369 万亩增加到 7650 万亩，全省粮食产量从新中国成立之初的 174 亿斤增加到 919.3 亿斤。

2016 年，山东省水利建设总投入 315.3 亿元，116 个农田水利项目建设进展顺利，18 处大中型灌区续建配套与节水改造项目开工建设，全省节水灌溉面积达到 5600 万亩，农田灌溉水有效利用系数达到 0.6304。2018 年，山东省小型农田水利重点县项目共涉及 16 市 89 县，规划投资 21.68 亿元，项目工程形式全部为高效节水灌溉，共建成高效节水灌溉面积 188 万亩，新打配套机井 1.33 万眼，新建改造塘坝和池窖 493 座、小型泵站和堰闸 1300 座、渠系建筑物 673 座，渠系配套改造 26km。

二、各年灌溉面积、农业总产值及其环比发展速度的统计分析

将山东省 1978—2018 年历年的有效灌溉面积及农业总产值的数据进行整理，利用环比分析法分别计算出山东省灌溉面积、农业总产值及其环比发展速度，见表 3.15。

表 3.15　　　　　　　　　山东省灌溉面积、农业总产值及其环比发展速度

年份	灌溉面积及其环比发展速度		农业总产值及其环比发展速度	
	灌溉面积/hm²	环比发展速度/%	农业总产值/亿元	环比发展速度/%
1978	4414.80	1.0000	84.77	1.0000
1979	4404.80	0.9977	113.34	1.3370
1980	4407.53	1.0006	128.81	1.1365
1981	4433.80	1.0060	155.61	1.2081
1982	4482.07	1.0109	171.58	1.1026
1983	4536.07	1.0120	208.75	1.2166
1984	4554.87	1.0041	245.19	1.1746
1985	4565.53	1.0023	248.17	1.0122
1986	4546.80	0.9959	269.51	1.0860
1987	4480.87	0.9855	313.76	1.1642
1988	4322.77	0.9647	331.59	1.0568
1989	4355.55	1.0076	366.24	1.1045
1990	4463.66	1.0248	419.50	1.1454
1991	4552.34	1.0199	491.76	1.1723
1992	4596.73	1.0098	462.58	0.9407
1993	4624.15	1.0060	526.67	1.1385
1994	4642.02	1.0039	660.13	1.2534
1995	4662.45	1.0044	931.89	1.4117
1996	4692.69	1.0065	1090.64	1.1704
1997	4736.67	1.0094	1117.19	1.0243
1998	4780.19	1.0092	1122.35	1.0046
1999	4816.91	1.0077	1254.90	1.1181
2000	1903.41	1.0017	387.27	1.0363
2001	1897.50	1.0023	405.92	1.0776
2002	1888.26	0.9920	421.49	1.0139
2003	1879.08	0.9924	383.71	1.1256
2004	1847.49	1.0013	491.06	1.1828
2005	1831.41	1.0049	510.47	1.0752
2006	1836.07	1.0059	557.19	1.1226
2007	1839.96	1.0039	623.06	1.1341
2008	1841.20	1.0043	698.35	1.1057
2009	1840.43	1.0081	736.07	1.1071
2010	1852.39	1.0119	810.68	1.1320
2011	1867.67	1.0064	931.17	1.0414

续表

年份	灌溉面积及其环比发展速度		农业总产值及其环比发展速度	
	灌溉面积/hm²	环比发展速度/%	农业总产值/亿元	环比发展速度/%
2012	1907.06	1.0143	1020.74	1.0247
2013	1995.60	0.9349	1094.72	1.1323
2014	2001.57	1.0366	1170.83	1.0508
2015	2027.67	1.0127	1361.85	1.0234
2016	2036.83	1.0396	1435.31	0.9410
2017	2039.42	1.0058	1489.29	1.0036
2018	2032.02	1.0087	1549.22	1.0625

注 数据来源于中国统计年鉴。

三、分析对比

由图 3.29 可知,山东省灌溉面积总体上是处于增长状态的,1987—1988 年、2012—2013 年,山东省灌溉面积有明显下降趋势,灌溉面积分别减少了 158.10hm² 和 329.08hm²;2013—2014 年、2015—2016 年,灌溉面积增长较明显,分别增加了 172.92hm² 和 196.73hm²。1978—1985 年,灌溉面积基本处于缓慢增长状态;1985—1988 年期间灌溉面积处于下降趋势;在 2001—2012 年期间灌溉面积发展较为平稳;在经历了 2012—2013 年灌溉面积的骤减后,灌溉面积从 2013 年开始处于较快增长状态。

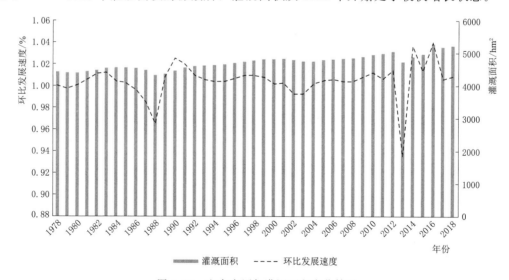

图 3.29 山东省历年灌溉面积变化情况

由图 3.30 可知,山东省农业总产值大体上处于增长状态,根据农业总产值的环比发展速度可以看出,在 1979—1994 年期间山东省农业总产值一直呈缓慢增长状态,且均在 661 亿元以下;在 2002—2015 年期间山东省农业总产值增长速度加快;在 2015—2016 年期间农业总产值有所下降,减少了 288.5 亿元,之后稳步上升。

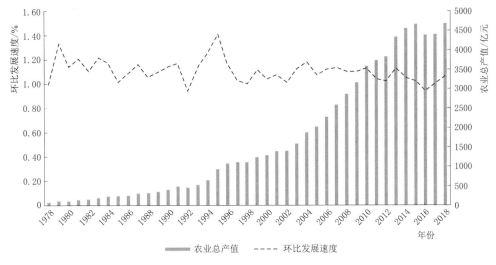

图 3.30　山东省历年农业总产值变化情况

第十六节　河　南　省

一、发展概况

河南地处中原，分属黄河、淮河、漳河、汉水流域，有史以来，水旱灾害频繁。从公元前 206 年西汉起至 1949 年止的 2155 年中，共发生大旱、特大干旱 117 年，大水、特大水 118 年。黄河下游发生决口 1500 余次，其中有 2/3 发生在河南境内，黄河多次改道，又大多在河南境内，波及整个豫东、豫北大平原。可以说河南人民灾难深重。中华人民共和国成立后，历史开始了新的一页，河南人民在中国共产党的领导下，积极响应毛泽东主席"一定要把淮河修好"和"要把黄河的事情办好"的伟大号召，认真地、实事求是地制定水利建设方针和计划，组建能征善战的水利建设队伍，依靠工农兵的伟大力量大规模地开展了防治洪涝灾害的治淮运动，取得了巨大的胜利，积累了丰富的经验。截至 1994 年，在中央和历届省委、省政府的领导下，全省水利总投入达 267.8 亿元，建成大、中、小型水库 2431 座，总蓄水量 162 亿 m³，控制了山区面积的 40%，大大减少了平原地区的洪涝灾害；平原地区 220 多条大中型河道，初步治理了 120 多条，除涝标准一般达到了 3～5 年一遇，防洪标准达到 10～20 年一遇，同时还修建了蓄洪、滞洪区 10 处。全省初步治理低洼易涝面积 2510 万亩，占低洼易涝面积的 79%；治理盐碱地面积 961 万亩，占盐碱地面积的 80%；全省建成水库灌区、引河灌区 8600 多处，配套机电井 70 多万眼，累计发展有效灌溉面积 5885 万亩，其中旱涝保收田 4616 万亩。使全省 50% 多的土地得到灌溉，40% 多的土地旱涝保收。在山丘区，初步治理水土流失面积 3.3 万 km²，占应治理面积的 54%，其他有 28 个治理重点县已初步建成以小流域为单元的联片综合治理区。这些水利基础设施大大提高了河南省抗灾减灾的能力，对全省国民经济的发展起了积极的作用。

从 20 世纪 90 年代初开始，河南省委、省政府在坚持开展"红旗渠精神杯"竞赛活动的同时，持续增加水利投入，不断加快水利改革的步伐，使农田水利基础设施有了突破性发展。1998—2006 年，河南在 28 个大型灌区实施的 128 个年度续建配套节水改造项目，总投资 11.01 亿元。工程投入运营后，累计新增灌溉面积 117 万亩，恢复改善灌溉面积 989 万亩，新增粮食增产能力 8.54 亿 kg。截至 2009 年，河南全省有效灌溉面积已达 7484 万亩，其中旱涝保收田 5836 万亩；拥有机电井 124 万眼，约占全国的 1/4，井灌面积 5179 万亩，占全国的 1/5；全省万亩以上的灌区 251 处，有效灌溉面积 2607 万亩；建成并初步发挥效益的引黄灌区 27 处，年平均引水量约 21 亿 m³，年灌溉补源能力为 1100 万亩；大量小型塘堰和不计其数的田间工程则几乎密集覆盖了所有农田灌溉面积。

在 2011 年中央一号文件聚焦农田水利以来，河南农田水利事业取得了跨越式发展，为农业发展奠定了坚实基础。2016 年，河南省各项水利工程建设进展顺利，全年完成投资 102 亿元，全省实施了 3 处大型灌区、9 处中型灌区配套改造，超额完成了 3 个批次 85 个小农水重点县、农田水利项目县年度建设任务；全年新增改善恢复有效灌溉面积 260 万亩，新增高效节水灌溉面积 122 万亩，超额完成省政府下达的目标任务。2018 年，河南省政府下达投资 97.42 亿元，各项水利建设加快实施，淮河干流一般堤防加固以及大中型病险水库水闸除险加固、中小河流治理、大中型灌区续建配套农田水利建设和维修养护等年度建设任务全面完成，新增恢复改善有效灌溉面积 180 万亩。

二、各年灌溉面积、农业总产值及其环比发展速度的统计分析

将河南省 1978—2018 年历年的有效灌溉面积及农业总产值的数据进行整理，利用环比分析法分别计算出河南省灌溉面积、农业总产值及其环比发展速度，见表 3.16。

表 3.16　　　　　　　　河南省灌溉面积、农业总产值及其环比发展速度

年份	灌溉面积及其环比发展速度		农业总产值及其环比发展速度	
	灌溉面积/hm²	环比发展速度/%	农业总产值/亿元	环比发展速度/%
1978	3722.60	1.0000	81.74	1.0000
1979	3636.00	0.9767	96.91	1.1856
1980	3536.27	0.9726	113.17	1.1678
1981	3387.73	0.9580	130.60	1.1540
1982	3265.07	0.9638	128.71	0.9855
1983	3209.80	0.9831	164.92	1.2813
1984	3278.67	1.0215	176.39	1.0695
1985	3189.93	0.9729	188.79	1.0703
1986	3212.73	1.0071	202.87	1.0746
1987	3250.07	1.0116	257.33	1.2684
1988	3914.30	1.2044	270.78	1.0523
1989	3910.16	0.9989	336.62	1.2431
1990	3550.09	0.9079	372.19	1.1057

年份	灌溉面积及其环比发展速度		农业总产值及其环比发展速度	
	灌溉面积/hm^2	环比发展速度/%	农业总产值/亿元	环比发展速度/%
1991	3676.57	1.0356	381.49	1.0250
1992	3779.72	1.0281	403.47	1.0576
1993	3868.33	1.0234	475.52	1.1786
1994	3931.30	1.0163	609.62	1.2820
1995	4044.19	1.0287	865.82	1.4203
1996	4191.05	1.0363	1092.35	1.2616
1997	4333.06	1.0339	1105.73	1.0122
1998	4513.86	1.0417	1159.55	1.0487
1999	4648.78	1.0299	1231.90	1.0624
2000	4725.31	1.0165	1264.30	1.0263
2001	4766.00	1.0086	1331.55	1.0532
2002	4802.36	1.0076	1360.26	1.0216
2003	4792.22	0.9979	1137.74	0.8364
2004	4829.08	1.0077	1602.88	1.4088
2005	4864.33	1.0073	1790.37	1.1170
2006	4918.81	1.0112	2011.09	1.1233
2007	4955.84	1.0075	2248.65	1.1181
2008	4989.20	1.0067	2547.77	1.1330
2009	5033.03	1.0088	2811.18	1.1034
2010	5080.96	1.0095	3504.07	1.2465
2011	5150.44	1.0137	3553.25	1.0140
2012	5205.63	1.0107	3897.46	1.0969
2013	4969.11	0.9546	4126.25	1.0587
2014	5101.15	1.0266	4399.17	1.0661
2015	5210.64	1.0215	4503.71	1.0238
2016	5242.92	1.0062	4459.29	0.9901
2017	5273.63	1.0059	4552.68	1.0209
2018	5288.69	1.0029	4973.68	1.0925

注　数据来源于中国统计年鉴。

三、分析对比

由图 3.31 可知，河南省的灌溉面积总体上处于增长状态，根据灌溉面积的环比发展速度可知，灌溉面积有两个较明显的变化情况：其一是 1987—1988 年灌溉面积增长较明显，增加了 664.23hm²；其二是 1989—1990 年灌溉面积有明显下降趋势，减少了 360.07hm²。1978—1987 年，灌溉面积基本处于下降状态；经历了灌溉面积的骤增和骤减后，1990—2012 年，灌溉面积一直在缓慢增长，2012—2013 年，灌溉面积在一个小幅度下降后开始缓慢增长。

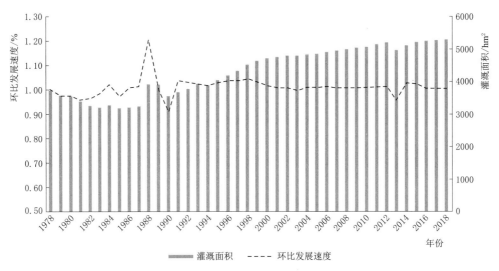

图 3.31　河南省历年灌溉面积变化情况

由图 3.32 可知，河南省农业总产值大体上处于增长的状态，根据农业总产值的环比发展速度可以看出，在 1979—1994 年期间河南省农业总产值一直呈缓慢增长状态，且均在 610 亿元以下，到 2002 年基本都处于增长状态；2002—2004 年，农业总产值先下降了 222.52 亿元，后又增长了 465.14 亿元；在 2004—2015 年期间农业总产值较快速地增长，2009—2010 年增长幅度较大，农业总产值增加了 707.53 亿元；在 2015—2018 年期间农业总产值又有所上升。

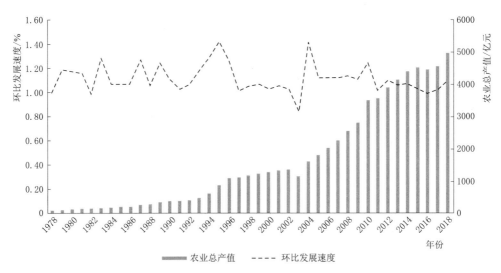

图 3.32　河南省历年农业总产值变化情况

第十七节 湖 北 省

一、发展概况

湖北省位居长江中游，境内雨量充沛，河流湖泊密布，水利资源非常丰富。但在中华人民共和国成立之前，水利资源并未得到充分利用，水旱灾害却日趋频繁，给人民带来了深重的灾难。中华人民共和国成立后，湖北省政府对农田水利建设越发重视，坚持依靠群众、勤俭治水的方针，取得了辉煌的成就。

1998 年以来，在党中央、国务院的亲切关怀和高度重视下，湖北省大规模的长江干堤加固、病险水库除险、农村饮水解困等重点水利工程建设，实现了历史性的跨越。2003 年，湖北省全年开工各类工程 20 万处，投入劳动工日 3 亿个，完成土石方 5 亿 m^3，完成已确定的江河湖库治理任务，新增、改善、恢复灌溉面积 500 万亩，除涝面积 300 万亩，改造渍害低产田 80 万亩，治理水土流失面积 1900km^2，解决 50 万人口的饮水困难。2010 年以来尤其是党的十八大以来，湖北省委省政府高度重视"三农"工作，加强农业基础设施建设，提高农业物质技术装备水平，农业现代化进程明显加快，农田水利条件明显改善。2016 年年末，全省能够正常使用的排灌站为 4.79 万座，比 2006 年年末增长 49.9%，高于全国 41 个百分点；能够正常使用的灌溉用水塘和水库数量合计为 62.35 万个，增长 72.8%，高于全国 19.6 个百分点；2016 年灌溉耕地面积占实际耕种耕地面积的比重达到 72.5%，高于全国 17.3 个百分点，农田水利条件的改善夯实了农业生产基础。2018 年，湖北省冬春农建共开工各类水利工程 30 万余处，计划投资 442 亿元，新增、改善灌溉面积 189 万亩，新增节水灌溉面积 112 万亩，建成高标准农田 217 万亩，新增节水能力 1.7 亿 m^3，新增供水受益人口 178 万人。

二、各年灌溉面积、农业总产值及其环比发展速度的统计分析

将湖北省 1978—2018 年历年的有效灌溉面积及农业总产值的数据进行整理，利用环比分析法分别计算出湖北省灌溉面积、农业总产值及其环比发展速度，见表 3.17。

表 3.17 湖北省灌溉面积、农业总产值及其环比发展速度

年份	灌溉面积及其环比发展速度		农业总产值及其环比发展速度	
	灌溉面积/hm^2	环比发展速度/%	农业总产值/亿元	环比发展速度/%
1978	2354.93	1.0000	——	——
1979	2353.33	0.9993	——	——
1980	2345.00	0.9965	64.70	1.0000
1981	2371.80	1.0114	82.78	1.2794
1982	2371.67	0.9999	95.32	1.1515
1983	2331.80	0.9832	97.53	1.0232
1984	2309.60	0.9905	123.09	1.2621
1985	2293.33	0.9930	129.61	1.0530
1986	2252.80	0.9823	146.79	1.1326

续表

年份	灌溉面积及其环比发展速度		农业总产值及其环比发展速度	
	灌溉面积/hm²	环比发展速度/%	农业总产值/亿元	环比发展速度/%
1987	2211.40	0.9816	160.13	1.0909
1988	2563.33	1.1591	175.12	1.0936
1989	2565.33	1.0008	198.56	1.1339
1990	2366.67	0.9226	252.92	1.2738
1991	2365.47	0.9995	247.01	0.9766
1992	2356.53	0.9962	265.53	1.0750
1993	2347.89	0.9963	301.99	1.1373
1994	2345.51	0.9990	481.82	1.5955
1995	2350.38	1.0021	612.12	1.2704
1996	2352.85	1.0011	670.27	1.0950
1997	2355.20	1.0010	711.91	1.0621
1998	2161.91	0.9179	688.06	0.9665
1999	2359.50	1.0914	646.00	0.9389
2000	2362.64	1.0013	615.74	0.9532
2001	2352.58	0.9957	658.26	1.0691
2002	2350.98	0.9993	671.20	1.0197
2003	2359.82	1.0038	733.36	1.0926
2004	2364.85	1.0021	921.59	1.2567
2005	2365.74	1.0004	932.15	1.0115
2006	2333.83	0.9865	995.46	1.0679
2007	2341.07	1.0031	1147.31	1.1525
2008	2330.20	0.9954	1385.21	1.2074
2009	2350.10	1.0085	1490.91	1.0763
2010	2379.78	1.0126	1883.22	1.2631
2011	2455.69	1.0319	2244.55	1.1919
2012	2548.91	1.0380	2416.35	1.0765
2013	2791.41	1.0951	2585.15	1.0699
2014	2855.32	1.0229	2651.16	1.0255
2015	2899.15	1.0154	2674.07	1.0086
2016	2905.57	1.0022	2794.79	1.0451
2017	2919.17	1.0047	2962.49	1.0600
2018	2931.90	1.0044	3033.76	1.0241

注　数据来源于中国统计年鉴。

三、分析对比

由图 3.33 可知，湖北省的灌溉面积总体上处于缓慢增长状态，根据灌溉面积的环比发展速度可知，灌溉面积有五处明显变化：其一是 1987—1988 年、1998—1999 年、2012—2013 年期间灌溉面积增长较明显，分别增加了 351.93hm² 、197.59hm² 和 242.5hm² ；其二是 1989—1990 年、1997—1998 年，灌溉面积下降较明显，分别减少了 198.67hm² 和 193.29hm² 。从 1978—1987 年，灌溉面积处于缓慢下降的状态；经历了灌溉面积的骤增和骤减后，从 1990—1997 年，灌溉面积基本处于同一水平；1999—2010 年，灌溉面积也基本维持在 2350～2380hm² 之间；2011—2018 年，灌溉面积又处于很缓慢增长的状态。

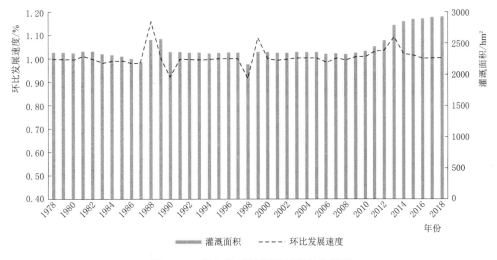

图 3.33　湖北省历年灌溉面积变化情况

由图 3.34 可知，湖北省农业总产值大体上处于增长的状态，根据农业总产值的环比

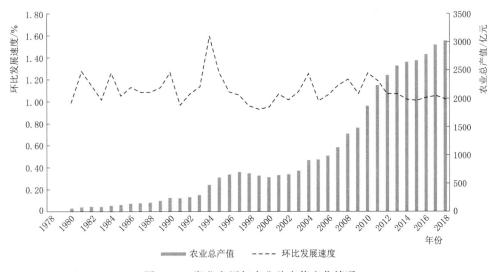

图 3.34　湖北省历年农业总产值变化情况

发展速度可以看出，在 1979—1993 年期间湖北省农业总产值一直呈缓慢增长状态，且均在 305 亿元以下，一直到 1997 年基本都处于增长状态；在 1997—2000 年期间农业总产值存在缓慢的下降趋势；在 2000—2016 年期间农业总产值一直处于较快速的增长状态，且在 2009—2010 年、2010—2011 年期间增长幅度较大，农业总产值分别增加了 410.21 亿元和 377.60 亿元。

第十八节　湖　南　省

一、发展概况

曾经受经济发展的制约，湖南农田水利建设投入不足，农田水利设施普遍存在设施老化、配套不齐、工程标准偏低等问题，成为制约农业发展和生态保护的瓶颈。在中华人民共和国成立初期，特别是 1959 年之后，小型农田水利建设经历过几次建设高潮。随着土地家庭承包制、农村税费改革等一系列重大变革，农村的生产经营体制发生改变，小型农田水利建设的投入机制也发生重大变化，小型农田水利工程的建设受到了严重影响。从 20 世纪 60 年代后期至 70 年代，湖南省水旱灾害频繁，因此这个时期水利建设开始进入山、田、林、路综合治理，改造中低产田，建设高产、稳产田的新阶段。1978 年开展喷灌建设，到 1981 年喷灌面积达 66.65 万亩。截至 1980 年年底，全省已建成大型水库灌区 10 处，中型水库 218 座，小型水库 1793 座和小型水库 10681座；小河、小溪、山塘堰坝 214 万处。各项水利设施的蓄、引、提总水量 299.96 亿 m³，比 1949 年增加了 4.36 倍；有效灌溉面积 4114.09 万亩，比 1949 年增加 31.29 倍，占耕地面积的 80.08%；旱涝保收面积 3348.01 万亩，占耕地面积的 65.17%；高产稳产面积达 2500 多万亩，占耕地面积的 48.9%；粮食总产量 214.5 亿 kg，比 1949 年增加了一倍。

1998 年，国家开始实施大中型灌区续建配套与节水改造项目，灌区发展进入黄金期。2009 年国家启动实施大型灌排泵站更新改造项目，湖南抓住机遇，开展了 27 处大型灌排泵站更新改造。经过改造，湖南大型排灌泵站排涝标准提高到 10 年一遇，灌溉标准提高到 75% 以上，改善灌溉面积 173.2 万亩，新增灌溉面积 40 万亩，改善排涝面积 160 万亩，累计增产粮食 2.76 亿 kg。到 2018 年，湖南实施了 20 处大型、74 处重点中型灌区的节水改造，新增、恢复和改善灌溉面积 756 万亩，占 2018 年全省耕地面积的 12%，年新增产粮食生产能力 11 亿 kg，占 2018 年全省粮食生产总量的 4%，年新增节水能力 15 亿 m³，全省农田灌溉水有效利用系数提高到 0.525。

经过 70 余年的建设，湖南省的农田水利工程体系基本建立。截至 2018 年，全省已建成各类水库 1.4 万多座，共有各类灌区 7.39 万处、泵站 5.32 万处、塘坝 166 万多处、各类渠道 51.14 万处，有效灌溉面积达 4720 万亩，占耕地总面积的 76%，夯实了现代农业发展、乡村振兴的基础。

二、各年灌溉面积、农业总产值及其环比发展速度的统计分析

将湖南省 1978—2018 年历年的有效灌溉面积及农业总产值的数据进行整理，利用环比分析法分别计算出湖南省灌溉面积、农业总产值及其环比发展速度，见表 3.18。

表 3.18 　　　　　　　　　 湖南省灌溉面积、农业总产值及其环比发展速度

年份	灌溉面积及其环比发展速度		农业总产值及其环比发展速度	
	灌溉面积/hm²	环比发展速度/%	农业总产值/亿元	环比发展速度/%
1978	2566.67	1.0000	62.72	1.0000
1979	2447.60	0.9536	65.47	1.0438
1980	2415.87	0.9870	81.13	1.2392
1981	2414.40	0.9994	86.05	1.0606
1982	2370.93	0.9820	95.95	1.1150
1983	2773.33	1.1697	100.60	1.0485
1984	2775.60	1.0008	102.32	1.0171
1985	2766.67	0.9968	101.84	0.9953
1986	2771.73	1.0018	106.01	1.0409
1987	2665.07	0.9615	108.48	1.0233
1988	2670.29	1.0020	103.09	0.9503
1989	2674.20	1.0015	109.68	1.0639
1990	2676.22	1.0008	241.32	2.2002
1991	2679.99	1.0014	249.79	1.0351
1992	2681.09	1.0004	250.39	1.0024
1993	2676.11	0.9981	258.70	1.0332
1994	2679.24	1.0012	266.43	1.0299
1995	2680.03	1.0003	277.43	1.0413
1996	2667.07	0.9952	283.37	1.0214
1997	2672.38	1.0020	306.80	1.0827
1998	2675.14	1.0010	297.81	0.9707
1999	2678.27	1.0012	624.50	2.0970
2000	2677.46	0.9997	633.84	1.0150
2001	2676.35	0.9996	665.70	1.0503
2002	2675.61	0.9997	666.65	1.0014
2003	2675.34	0.9999	671.66	1.0075
2004	2683.28	1.0030	874.00	1.3013
2005	2690.41	1.0027	947.72	1.0843
2006	2696.93	1.0024	1040.85	1.0983
2007	2703.46	1.0024	1210.06	1.1626
2008	2709.00	1.0020	1370.88	1.1329
2009	2720.68	1.0043	1472.53	1.0741
2010	2739.00	1.0067	1848.89	1.2556
2011	2762.41	1.0085	2089.89	1.1303

续表

年份	灌溉面积及其环比发展速度		农业总产值及其环比发展速度	
	灌溉面积/hm²	环比发展速度/%	农业总产值/亿元	环比发展速度/%
2012	2715.78	0.9831	2255.43	1.0792
2013	3084.30	1.1357	2257.55	1.0009
2014	3101.70	1.0056	2324.78	1.0298
2015	3113.32	1.0037	2325.93	1.0005
2016	3132.37	1.0061	2485.49	1.0686
2017	3145.87	1.0043	2597.63	1.0451
2018	3164.00	1.0058	2664.30	1.0257

注 数据来源于中国统计年鉴。

三、分析对比

由图 3.35 可知，湖南省灌溉面积整体处于较稳定状态，根据灌溉面积的环比发展速度可以看出有两处较明显的变化：即是 1982—1983 年、2012—2013 年都有较明显的增长，增加的灌溉面积分别为 402.40hm² 和 368.52hm²。在 1978—1982 年期间灌溉面积一直处于缓慢的下降状态；经过 1982—1983 年的骤增，在 1983—1986 年期间，灌溉面积基本维持在 2770hm² 上下；从 1987—2012 年，灌溉面积的变化速度不变，基本维持在 2670~2765hm² 之间；经过 2012—2013 年灌溉面积骤增后，灌溉面积维持在 3100hm² 左右。

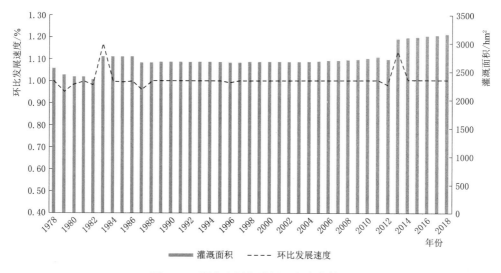

图 3.35 湖南省历年灌溉面积变化情况

由图 3.36 可知，湖南省农业总产值的总体变化一直处于增长趋势，根据农业总产值的环比发展速度可以看出，农业总产值的变化速度有三处较为明显的变化，即为 1989—1990 年、1998—1999 年、2009—2010 年湖南省农业总产值增长的幅度都较明显，分别增加了 131.64 亿元、326.69 亿元和 462.95 亿元。1978—1989 年，农业总产值处于缓慢增

长状态，维持在 60 亿～110 亿元之间；在 1990—1998 年期间农业总产值基本维持在 240
亿～310 亿元之间；1999—2003 年，农业总产值基本在同一水平 650 亿元左右；2004—
2018 年，前期农业总产值一直有快速增长的趋势，后期变成缓慢增长。

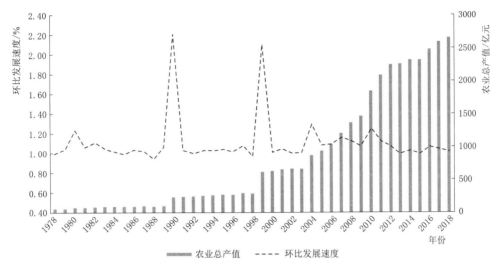

图 3.36　湖南省历年农业总产值变化情况

第十九节　广　东　省

一、发展概况

　　改革开放以来，水利"转轨变型、全面服务"，在社会上初步建立起"水利为社会、
社会办水利"的新观念，以及有偿服务等新体系的建立，实施科技兴水，动员社会力量大
量投入，用于防洪、排涝、灌溉、供水、水力发电、水土保持，并安排水利水电工程分期
分批进行除险，加固达标，发展水利水电经济，除害兴利，造福人民，取得了举世瞩目的
成就。截至 2010 年年底，我省 19 个重点县累计整治塘坝 6 处，新建、修复引水堰闸 41
座，新建、修复渠道 783km、整治机电泵站 21 座及 637 座渠道配套建筑物等小型设施，
新增、恢复灌溉面积 3.13 万亩，改善灌溉面积 14.18 多万亩，新增补充灌溉面积 0.38 万
亩，新增蓄、引、提水能力 1904.5 万 m^3，新增节水能力 3101.4 万 m^3。这些小型农田水
利设施的建设，改善了农民生产生活条件，减轻了农民生产的成本，大幅提高了农业综合生
产能力，促进了粮食增产和农民增收。2016 年，广东省全省累计完成年度投资 16.03 亿元，
投资完成率为 35.47%。其中，南澳、源城、红海湾 3 个面上推进县已完工，正在进行验收
准备工作；6 个示范县完成投资 1.99 亿元，茂南区已完成市级验收，陆丰市、揭西县、潮
阳区、罗定市等 4 个县（市、区）基本完成建设任务，潮南区投资完成率为 75%。

二、各年灌溉面积、农业总产值及其环比发展速度的统计分析

　　将广东省 1978—2018 年历年的有效灌溉面积及农业总产值的数据进行整理，利用环
比分析法分别计算出广东省灌溉面积、农业总产值及其环比发展速度，见表 3.19。

表 3.19 广东省灌溉面积、农业总产值及其环比发展速度

年份	灌溉面积及其环比发展速度		农业总产值及其环比发展速度	
	灌溉面积/hm²	环比发展速度/%	农业总产值/亿元	环比发展速度/%
1978	2139.60	1.0000	59.47	1.0000
1979	2151.10	1.0054	67.00	1.1266
1980	2107.93	0.9799	96.81	1.4449
1981	2075.27	0.9845	99.01	1.0227
1982	2047.73	0.9867	98.04	0.9902
1983	2044.13	0.9982	119.58	1.2197
1984	1980.33	0.9688	140.61	1.1759
1985	1938.27	0.9788	148.44	1.0557
1986	1913.20	0.9871	167.95	1.1314
1987	1854.87	0.9695	223.02	1.3279
1988	2168.68	1.1692	276.74	1.2409
1989	2161.44	0.9967	322.46	1.1652
1990	2161.10	0.9998	358.64	1.1122
1991	2162.91	1.0008	388.19	1.0824
1992	2128.26	0.9840	428.01	1.1026
1993	2080.60	0.9776	486.46	1.1366
1994	2035.97	0.9785	628.17	1.2913
1995	2010.05	0.9873	778.12	1.2387
1996	1999.97	0.9950	825.60	1.0610
1997	1990.15	0.9951	851.35	1.0312
1998	1502.03	0.7547	864.28	1.0152
1999	1983.75	1.3207	859.70	0.9947
2000	1981.03	0.9986	807.95	0.9398
2001	1976.07	0.9975	817.95	1.0124
2002	1939.10	0.9813	841.77	1.0291
2003	1923.00	0.9917	851.72	1.0118
2004	1900.11	0.9881	959.97	1.1271
2005	1876.28	0.9875	1109.17	1.1554
2006	1867.07	0.9951	1235.40	1.1138
2007	1867.80	1.0004	1268.70	1.0270
2008	1863.40	0.9976	1398.82	1.1026
2009	1871.09	1.0041	1442.40	1.0312
2010	1872.46	1.0007	1668.66	1.1569

年份	灌溉面积及其环比发展速度		农业总产值及其环比发展速度	
	灌溉面积/hm²	环比发展速度/%	农业总产值/亿元	环比发展速度/%
2011	1873.16	1.0004	1910.21	1.1448
2012	1874.44	1.0007	2060.91	1.0789
2013	1770.76	0.9447	2229.64	1.0819
2014	1770.99	1.0001	2357.16	1.0572
2015	1771.26	1.0002	2490.20	1.0564
2016	1771.71	1.0003	2763.79	1.1099
2017	1774.61	1.0016	2889.97	1.0457
2018	1775.21	1.0003	3089.57	1.0691

注 数据来源于中国统计年鉴。

三、分析对比

由图 3.37 可知，广东省灌溉面积整体处于下降状态，根据灌溉面积的环比发展速度可以看出的变化是 1987—1988 年、1998—1999 年都有较明显的增长，增加的灌溉面积分别为 313.81hm² 和 481.72hm²。在 1978—1987 年期间广东省灌溉面积处于下降状态；经过 1987—1988 年的骤增后，在 1988—1997 年期间，灌溉面积处于缓慢下降状态；由于 1998 年大洪水的原因，造成了 1997—1999 年灌溉面积的骤减骤增，1999—2018 年期间灌溉面积仍基本处于缓慢的下降状态，且灌溉面积基本维持在 1770hm² 左右。

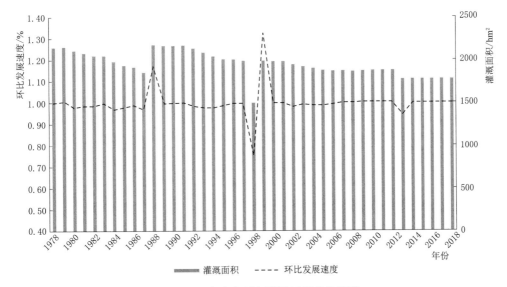

图 3.37 广东省历年灌溉面积变化情况

由图 3.38 可知，广东省农业总产值大体上处于增长的状态，根据农业总产值的环比发展速度可以看出，在 1978—1998 年期间广东省农业总产值一直呈缓慢增长状态；在 1998—2001 年期间农业总产值处于缓慢的下降状态；在 2001—2016 年期间农业总产值一直处于较快的增长状态，其中在 2015—2018 年期间，农业总产值增长较明显，增加了 340.68 亿元。

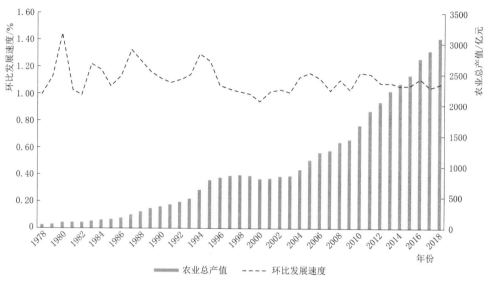

图 3.38　广东省历年农业总产值变化情况

第二十节　广西壮族自治区

一、发展概况

广西素有"八山一水一分田"之称，由于降雨时空分布极不均匀，造成季节性、区域性洪涝、干旱灾害频繁交替发生。特殊的地理及气候条件决定了小型农田水利在广西粮食生产和特色农业发展中具有极其重要的地位和作用。广西的水利灌溉工程，大部分是 20 世纪六七十年代兴建的，当时由于资金、材料的限制，基础较差。经近 30 年运行，渠道工程老化，渗漏严重，输水效率低，渠系水利用系数平均仅为 0.44 左右。有效灌溉面积逐年减少，1980 年统计全区有效灌溉面积为 2426 万亩，到 1995 年减少到 2208 万亩。

改革开放以来，城镇生产、生活用水量大幅度增长，1978 年全区城镇供水量为 4.6 亿 m³，仅占全区供水量的 1.64％；1996 年全区城镇供水量增至 42.64 亿 m³，占全区总供水的 16.5％。随着工业化和城市化发展，农业用水量在社会用水量中的比重还会不断下降，农业与非农业用水的矛盾逐步加剧。2008 年以来，中央及自治区加大了农田水利投入力度，建设管理要求也越来越严、越来越高。为了抓好重点县项目建设，保证工程质量，广西壮族自治区对农田水利建设投入也大大增加。自 2009 年财政部、水利部联合启动小型农田水利重点县建设以来，广西按照"建一片、成一片、发挥效益一片"的原则，采取多项有力措施，积极推进小农水建设。其间，共完成小农水专项资金 101.73 亿元，完成小农水建设项目 268 项，新增灌溉面积 141.54 万亩，恢复灌溉面积 256.09 万亩，改善有效灌溉面积 543.99 万亩，高效节水灌溉面积 126.86 万亩，渠道防渗长度 25249km，有力保障了农民增收、农业增效和农村发展。2017—2018 年，广西累计完成水利建设投资 175.11 亿元，比 2017 年度增长 3.8%；全区累计投入劳动工日 1.45 亿个，比 2017 年同期增长 5.8%。投入机械 1398 万台班，完成土石方 1.39 亿 m³，修复水毁灾损工程 978 处，新增渠道防渗 5356km，堤防及护岸建设 542km，清淤渠道 2.03 万 km，建设农村饮水安全工程 1760 处；新增恢复灌溉面积 166.40 万亩，改善灌溉面积 328.26 万亩，新增节水灌溉面积 135.0 万亩。

二、各年灌溉面积、农业总产值及其环比发展速度的统计分析

将广西壮族自治区 1978—2018 年历年的有效灌溉面积及农业总产值的数据进行整理，利用环比分析法分别计算出广西壮族自治区灌溉面积、农业总产值及其环比发展速度，见表 3.20。

表 3.20　　　　　　广西壮族自治区灌溉面积、农业总产值及其环比发展速度

年份	灌溉面积及其环比发展速度		农业总产值及其环比发展速度	
	灌溉面积/hm²	环比发展速度/%	农业总产值/亿元	环比发展速度/%
1978	1470.67	1.0000	—	—
1979	1461.70	0.9939	—	—
1980	1432.67	0.9801	44.41	1.0000
1981	1413.60	0.9867	50.49	1.1369
1982	1406.00	0.9946	59.16	1.1717
1983	1403.60	0.9983	58.76	0.9932
1984	1383.40	0.9856	60.53	1.0301
1985	1348.13	0.9745	66.34	1.0960
1986	1350.00	1.0014	71.08	1.0715
1987	1374.07	1.0178	83.74	1.1781
1988	1488.58	1.0833	93.69	1.1188
1989	1492.51	1.0026	114.60	1.2232
1990	1508.35	1.0106	149.69	1.3062
1991	1513.21	1.0032	164.73	1.1005
1992	1513.81	1.0004	188.65	1.1452
1993	1496.91	0.9888	214.24	1.1356
1994	1488.30	0.9942	283.71	1.3243
1995	1472.10	0.9891	384.17	1.3541
1996	1470.66	0.9990	450.52	1.1727
1997	1467.31	0.9977	482.49	1.0710
1998	1468.11	1.0005	476.24	0.9870
1999	1485.13	1.0116	454.90	0.9552
2000	1510.56	1.0171	418.83	0.9207
2001	1519.62	1.0060	439.93	1.0504
2002	1528.12	1.0056	465.47	1.0581
2003	1530.73	1.0017	500.82	1.0759

续表

年份	灌溉面积及其环比发展速度		农业总产值及其环比发展速度	
	灌溉面积/hm²	环比发展速度/%	农业总产值/亿元	环比发展速度/%
2004	1522.21	0.9944	623.09	1.2441
2005	1509.34	0.9915	711.89	1.1425
2006	1519.41	1.0067	807.89	1.1349
2007	1522.22	1.0018	970.55	1.2013
2008	1521.40	0.9995	1106.74	1.1403
2009	1522.14	1.0005	1134.98	1.0255
2010	1523.05	1.0006	1339.60	1.1803
2011	1529.24	1.0041	1602.48	1.1962
2012	1541.29	1.0079	1724.00	1.0758
2013	1586.37	1.0292	1868.30	1.0837
2014	1600.00	1.0086	1993.98	1.0673
2015	1618.79	1.0117	2146.37	1.0764
2016	1646.07	1.0169	2347.90	1.0939
2017	1669.87	1.0145	2538.87	1.0813
2018	1706.88	1.0222	2717.48	1.0704

注 数据来源于中国统计年鉴。

三、分析对比

由图 3.39 可知，广西壮族自治区灌溉面积整体都是一个较稳定的状态，且有很缓慢的增长，根据灌溉面积的环比发展速度可以看出，在 1987—1988 年期间广西壮族自治区灌溉面积有较明显的增长，增加了 114.51hm²。在 1978—1986 年期间灌溉面积处于缓慢的下降状态；在 1986—1988 年期间灌溉面积呈缓慢增长状态；在 1988—2011 年期间灌溉面积都比较稳定，都维持在 1500hm² 左右；从 2012 年开始，灌溉面积存在缓慢的增长趋势。

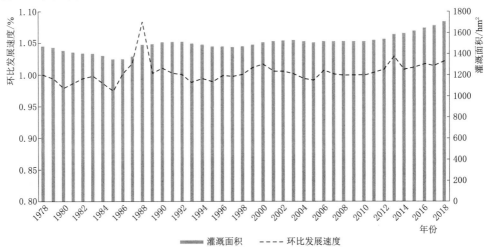

图 3.39 广西壮族自治区历年灌溉面积变化情况

由图 3.40 可知,广西壮族自治区农业总产值大体上处于增长的状态,根据农业总产值的环比发展速度可以看出,在 1980—1988 年期间广西壮族自治区农业总产值呈缓慢增长状态,且农业总产值均低于 100 亿元;在 1998—2000 年期间农业总产值处于较慢的下降过程;2000—2018 年,农业总产值一直处于较快的增长状态,其中在 2010—2011 年期间,农业总产值增长较明显,增加了 262.88 亿元。

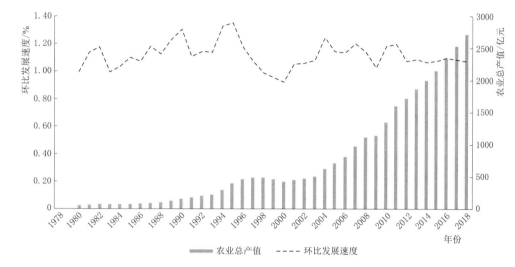

图 3.40　广西壮族自治区历年农业总产值变化情况

第二十一节　海　南　省

一、发展概况

海南省的水利史是一部海南人民艰苦奋斗,与穷山恶水战斗的历史。海南地处热带,有着丰富的资源优势,但千百年来,由于大海的阻隔,海南岛成为一个荒岛,是古代朝廷官员贬谪流放的地方。旧社会的海南岛,水旱灾害频繁,老百姓看天吃饭,生活十分艰苦,为了求生存,大批人远渡重洋谋生,这就是海南成为有名侨乡的来由。直到中华人民共和国成立前,全岛永久性水利设施寥寥无几,多是临时性草木坡引水和自然水灌溉,受益面积少,抗灾能力低,农业生产毫无保障。据统计,1950 年,全岛灌溉面积只有 37 万亩,占耕地面积的 9%,粮食产量非常低下,总产量只有 38.8 万 t,平均亩产只有 61kg。中华人民共和国成立后,海南人民在中国共产党和人民政府的领导下,艰苦奋斗,坚持不懈地开展治水工作,使海南的水利建设从无到有,从简到全,水利事业发生了翻天覆地的变化。

1988—1995 年是海南建省办经济特区,经济迅速发展时期,也是全省水利稳步健康发展时期。这个时期,海南省水利建设的重点是抓工程除险加固,灌区续建配套,巩固发展灌溉效益,积极发展新的水源工程和发展城乡供水,修复水毁工程,恢复工程效益,加强水利前期工作。水利建设贯彻突出重点、全面维修、狠抓质量,注重标准,讲求实效的方针,按照"谁受益、谁负担"的原则,合理负担,建立多元化水利投资新体系。形成水利、农业综合开发、扶贫开发多头办水利的新局面。海南省在这一时期先后完成大广坝灌区和迈湾及大隆水库等3个大型项目的可行性研究,琼北地区和三亚地区水源开发利用规划,春江水库扩建、洋隆水库、毛拉洞水库的勘测设计,南渡江中下游梯级开发规划和出口段整治规划,毛阳河梯级开发规划等,以及长茅、万宁、小妹等15处大中型水库灌区续建配套工程设计,为工程除险加固、续建配套和立项上马,提供科学依据。据统计,这段时期全省共投入水利建设资金117459.8万元,比前一时期增长一倍多,完成土方18770万 m^3,石方382.7万 m^3,混凝土78.99万 m^3。

2018年,海南省继续抓好农田水利基础建设,进一步改善农业水利基础条件,提高农业综合生产能力。推进海南省大中型灌区节水配套改造工程红岭灌区田间工程建设,新增灌溉面积 $58km^2$,骨干渠道修复共改善灌溉面积 $21.33km^2$;澄迈加潭水库灌区节水配套改造工程建设新增渠道9.76km;补齐小型农田水利设施短板,安排16882万元在定安、屯昌等10个市开展面上小型农田水利设施建设;截至年底,小型农田水利设施完成年度投资的90%,新增高效节水灌溉面积 $32km^2$;开展高效节水灌溉工程建设,安排临高、昌江、东方等6个市开展高效节水灌溉面积为 $29.24km^2$,由水务部门依托小型农田水利建设项目负责实施,新建、改造"五小水利"工程33个,新增及恢复灌溉面积 $43.33km^2$,改善灌溉面积 $21.33km^2$;开展小型农田水利设施维修养护,项目涉及全省18个市(县),新增粮食综合生产能力1297万 kg,农田水利设施维修养护面积 $506.67km^2$,总投资5603万元。

二、各年灌溉面积、农业总产值及其环比发展速度的统计分析

将海南省从1978—2018年历年的有效灌溉面积及农业总产值的数据进行整理,利用环比分析法分别计算出海南省灌溉面积、农业总产值及其环比发展速度,见表3.21。

表3.21　　　　　　　海南省灌溉面积、农业总产值及其环比发展速度

年份	灌溉面积及其环比发展速度		农业总产值及其环比发展速度	
	灌溉面积/hm^2	环比发展速度/%	农业总产值/亿元	环比发展速度/%
1978	163.17	1.0000	3.92	1.0000
1979	155.83	0.9550	4.22	1.0765
1980	146.78	0.9419	4.02	0.9526
1981	146.15	0.9957	4.89	1.2164
1982	143.19	0.9797	9.97	2.0389
1983	147.01	1.0267	10.24	1.0271
1984	139.57	0.9494	12.18	1.1895
1985	138.67	0.9936	12.79	1.0501
1986	146.51	1.0565	14.93	1.1673
1987	143.33	0.9783	17.10	1.1453
1988	239.39	1.6702	26.72	1.5626
1989	237.00	0.9900	30.92	1.1572
1990	238.46	1.0062	30.82	0.9968

续表

年份	灌溉面积及其环比发展速度		农业总产值及其环比发展速度	
	灌溉面积/hm²	环比发展速度/%	农业总产值/亿元	环比发展速度/%
1991	233.47	0.9791	33.10	1.0740
1992	235.32	1.0079	38.01	1.1483
1993	236.03	1.0030	53.53	1.4083
1994	234.09	0.9918	74.00	1.3824
1995	233.45	0.9973	86.17	1.1645
1996	235.31	1.0080	101.98	1.1835
1997	237.13	1.0077	107.55	1.0546
1998	176.68	0.7451	117.73	1.0947
1999	239.82	1.3574	131.70	1.1187
2000	240.24	1.0018	145.03	1.1012
2001	241.27	1.0043	141.27	0.9741
2002	187.96	0.7790	151.50	1.0724
2003	177.27	0.9431	152.71	1.0080
2004	169.82	0.9580	170.92	1.1192
2005	168.27	0.9909	179.63	1.0510
2006	169.09	1.0049	213.71	1.1897
2007	169.92	1.0049	224.17	1.0489
2008	246.10	1.4483	274.03	1.2224
2009	243.17	0.9881	307.57	1.1224
2010	243.79	1.0025	341.70	1.1110
2011	247.51	1.0153	401.00	1.1735
2012	256.75	1.0373	460.72	1.1489
2013	260.93	1.0163	485.40	1.0536
2014	259.92	0.9961	568.22	1.1706
2015	263.99	1.0157	598.70	1.0536
2016	289.95	1.0983	676.56	1.1300
2017	289.25	0.9976	707.42	1.0456
2018	290.48	1.0043	729.51	1.0312

注　数据来源于中国统计年鉴。

三、分析对比

由图 3.41 可知，湖南省灌溉面积整体都是一个较稳定且缓慢上升的状态，根据灌溉面积的环比发展速度可以看出的变化是 1987—1988 年、1998—1999 年都有较明显的增长，增加的灌溉面积分别为 96.06hm² 和 63.14hm²；1997—1998 年有较明显的下降，减少的灌溉面积为 60.45hm²，究其原因，1998 年可能受到亚洲金融危机与国家相关政策的影响，而 1998 年可能受到大洪水的影响，使得灌溉面积骤减；在 1978—1987 年期间灌溉面积基本处于缓慢的下降状态；在 1988—1997 年期间灌溉面积基本维持在 230hm² 上下；在 1999—2010 年期间灌溉面积的变化速度基本不变，基本维持在 240hm² 左右；在 2010—2016 年期间灌溉面积处于缓慢增长的状态，且在 2015—2016 年，灌溉面积增长较明显，增加了 25.96hm²，之后两年有所降低。

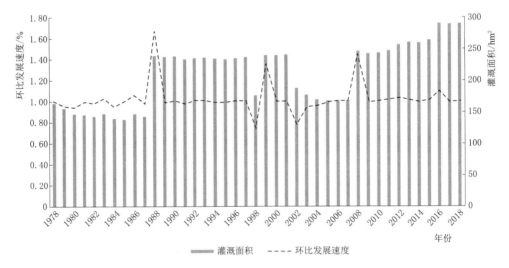

图 3.41　海南省历年灌溉面积变化情况

由图 3.42 可知，海南省农业总产值大体上处于增长的状态，根据农业总产值的环比发展速度可以看出，1997 年之前，农业总产值的变化速度变动较为频繁，在 1978—2004 年期间农业总产值呈缓慢增长状态，其中在 1978—1995 年期间农业总产值均低于 90 亿元；在 2004—2016 年期间农业总产值都处于较快的增长状态，其中在 2013—2014 年、2015—2018 年，农业总产值增长较明显。

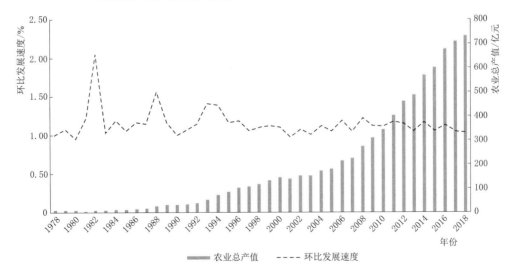

图 3.42　海南省历年农业总产值变化情况

第二十二节 四 川 省

一、发展概况

改革开放后，四川省农田水利开创了历史新纪元，到 1996 年年底，四川省兴建的各类水利工程达 57 万处，蓄引提水能力 229 亿 m³，有效灌溉面积 3486.74 万亩，旱涝保收面积 243883 万亩。这些水利工程的修建，大大改善了农业生产条件，提高了耕地的复种指数，结合改造低产田土，粮食产量呈稳步增长趋势。

2016 年，四川省全省累计完成投资 770 亿元。新开工 4 座大型水利工程，新增有效灌溉面积 100 万亩，发展高效节水灌溉 20 万亩，建成高标准农田 581 万亩，营造林 502 万亩。2018 年，四川省农田水利基本建设累计完成投资 833 亿元，较"十二五"时期年均增长 29%，再创新高。共建成高标准农田 2580km²，新改建农村公路 2.39 万 km，新增蓄引提能力 3.25 亿 m³，新增有效灌溉面积 102 万亩，解决建档立卡贫困人口安全饮水 85.8 万人，新建和硬化农村机耕道 1.5 万 km，营造林地 7153km²，建设绿道 9962km。

二、各年灌溉面积、农业总产值及其环比发展速度的统计分析

将四川省（包括重庆市）从 1978—2018 年历年的有效灌溉面积及农业总产值的数据进行整理，利用环比分析法分别计算出四川省灌溉面积、农业总产值及其环比发展速度，见表 3.22。

表 3.22　　　　　　四川省灌溉面积、农业总产值及其环比发展速度

年份	灌溉面积及其环比发展速度		农业总产值及其环比发展速度	
	灌溉面积/hm²	环比发展速度/%	农业总产值/亿元	环比发展速度/%
1978	2902.27	1.0000	73.91	1.0000
1979	2972.00	1.0240	89.85	1.2157
1980	3022.87	1.0171	98.07	1.0915
1981	3035.87	1.0043	105.41	1.0748
1982	3043.60	1.0025	133.84	1.2697
1983	3052.93	1.0031	142.76	1.0666
1984	2971.60	0.9734	151.54	1.0615
1985	2781.73	0.9361	161.14	1.0633
1986	2729.60	0.9813	168.46	1.0454
1987	2745.00	1.0056	187.84	1.1150
1988	2762.14	1.0062	213.69	1.1376
1989	2784.91	1.0082	238.04	1.1140
1990	2805.94	1.0076	301.46	1.2664
1991	2826.53	1.0073	317.43	1.0530

续表

年份	灌溉面积及其环比发展速度		农业总产值及其环比发展速度	
	灌溉面积/hm²	环比发展速度/%	农业总产值/亿元	环比发展速度/%
1992	2842.79	1.0058	344.52	1.0853
1993	2857.69	1.0052	389.21	1.1297
1994	2873.80	1.0056	521.00	1.3386
1995	2898.65	1.0086	645.17	1.2383
1996	2925.30	1.0092	750.07	1.1626
1997	2968.31	1.0147	1066.11	1.4213
1998	3004.63	1.0122	1078.66	1.0118
1999	3125.82	1.0403	1042.40	0.9964
2000	3093.76	0.9897	1030.11	0.9882
2001	3118.61	1.0080	1020.35	0.9905
2002	3141.84	1.0074	1071.51	1.0501
2003	3151.18	1.0030	1074.82	1.0031
2004	3119.13	0.9898	1320.65	1.2287
2005	3113.50	0.9982	1395.50	1.0567
2006	3108.64	0.9984	1402.01	1.0047
2007	3133.52	1.0080	1718.08	1.2254
2008	3165.60	1.0102	2073.02	1.2066
2009	3195.68	1.0095	2328.90	1.1234
2010	3238.36	1.0134	2692.60	1.1562
2011	3293.63	1.0171	3205.48	1.1905
2012	3365.62	1.0219	3606.71	1.1252
2013	3291.72	0.9780	3812.66	1.0571
2014	3343.58	1.0158	4046.48	1.0613
2015	3422.28	1.0235	4298.54	1.0623
2016	3504.15	1.0239	4862.74	1.1313
2017	3567.36	1.0180	5169.89	1.0632
2018	3629.48	1.0174	5446.39	1.0535

注　数据来源于中国统计年鉴。

三、分析对比

由图 3.43 可知，四川省的灌溉面积总体上处于增长状态，根据灌溉面积的环比发展速度可知，灌溉面积有两个较明显的变化情况：其一是 1984—1985 年、2012—2013 年，灌溉面积下降较明显，分别减少了 189.87hm² 和 73.9hm²；其二是 1998—1999 年期间灌溉面积增长较明显，增加了 121.19hm²。在 1978—1983 年期间灌溉面积基本呈增长状态；

在 1983—1986 年期间灌溉面积在缓慢下降；1986—1999 年期间灌溉面积处于缓慢的增长状态；在 1999—2007 年期间灌溉面积基本没有变动，维持在 3100hm² 左右；在 2008—2012 年、2013—2018 年期间灌溉面积均有缓慢的增长。

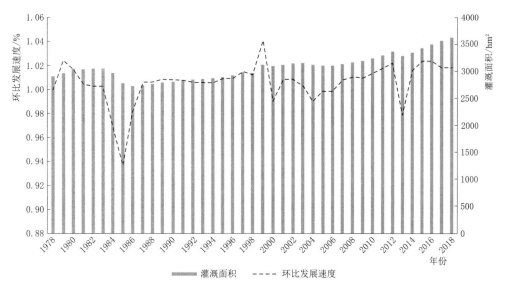

图 3.43 四川省历年灌溉面积变化情况

由图 3.44 可知，四川省农业总产值大体上处于增长的状态，根据农业总产值的环比发展速度可以看出，在 1996—1997 年、2015—2016 年期间农业总产值有较明显的增长，分别增加了 316.04 亿元和 493.55 亿元。在 1978—1996 年期间农业总产值一直呈缓慢增长状态，且农业总产值均低于 760 亿元；在 1997—2003 年期间农业总产值基本处于较慢的下降过程，之后在 2003—2018 年期间农业总产值均处于快速增长状态。

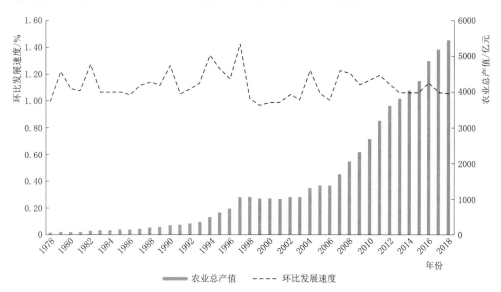

图 3.44 四川省历年农业总产值变化情况

第二十三节　贵　州　省

一、发展概况

改革开放后，全省各族人民和广大水利工作者在中国共产党和人民政府的领导下，艰苦奋斗，自力更生，经过艰难曲折，克服重重困难，在农田水利建设上取得了前所未有的伟大业绩。到 1996 年止，全省共建成各种类型大小水利工程 87 万多处，有效灌溉面积达 927 万亩；当年有效实灌面积 723 万亩，占全省稻田面积的 63％和总耕地面积的 27％；建成小型以上水库 1903 座，山塘 22000 多口，塘库总库容 20 亿 m³；引水工程 68000 多处，引水流量 632.2m³/s；机电提灌站 7766 座，装机 19.76 万 kW，全省水利工程的年供水总量达到 52.5 亿 m³。

十八大以来，以习近平同志为核心的党中央高度重视水利事业发展，贵州的水利又迎来了新的契机，据统计，十八大后的五年内，贵州省水利投入达到 1567.87 亿元，是贵州省水利投入力度最大、改革力度最强、建设速度最快、群众受益最多的五年。五年来，贵州省累计解决了 962 万农村居民和学校师生饮水安全问题，农村集中供水率达到 82％，自来水普及率达到 75％，基本实现了饮水安全。新增有效灌溉面积 147.1 万亩，新增农村水电装机 71 万 kW，治理水土流失面积 1.22 万 km²，实施中小河流治理项目 319 个、综合治理河长 1122km，治理病险水库 434 座。

二、各年灌溉面积、农业总产值及其环比发展速度的统计分析

将贵州省 1978—2018 年历年的有效灌溉面积及农业总产值的数据进行整理，利用环比分析法分别计算出贵州省灌溉面积、农业总产值及其环比发展速度，见表 3.23。

表 3.23　　　　　　　　贵州省灌溉面积、农业总产值及其环比发展速度

年份	灌溉面积及其环比发展速度		农业总产值及其环比发展速度	
	灌溉面积/hm²	环比发展速度/％	农业总产值/亿元	环比发展速度/％
1978	497.47	1.0000	21.72	1.0000
1979	469.20	0.9432	24.54	1.1298
1980	456.80	0.9736	28.05	1.1430
1981	450.73	0.9867	32.07	1.1433
1982	438.00	0.9718	38.93	1.2139
1983	452.53	1.0332	38.17	0.9805
1984	415.00	0.9171	45.43	1.1902
1985	479.27	1.1549	47.42	1.0438
1986	531.67	1.1093	53.54	1.1291
1987	538.00	1.0119	61.95	1.1571
1988	544.80	1.0126	78.90	1.2736
1989	548.83	1.0074	85.64	1.0854

续表

年份	灌溉面积及其环比发展速度		农业总产值及其环比发展速度	
	灌溉面积/hm²	环比发展速度/%	农业总产值/亿元	环比发展速度/%
1990	550.25	1.0026	95.23	1.1120
1991	567.33	1.0310	112.08	1.1769
1992	585.32	1.0317	116.03	1.0352
1993	595.79	1.0179	126.20	1.0876
1994	606.95	1.0187	180.26	1.4284
1995	612.12	1.0085	224.16	1.2435
1996	618.65	1.0107	265.57	1.1847
1997	627.10	1.0137	289.20	1.0890
1998	638.40	1.0180	274.55	0.9493
1999	648.38	1.0156	278.70	1.0151
2000	653.37	1.0077	279.62	1.0033
2001	659.52	1.0094	279.95	1.0012
2002	671.53	1.0182	278.88	0.9962
2003	690.46	1.0282	275.47	0.9878
2004	700.61	1.0147	317.69	1.1533
2005	708.77	1.0116	335.53	1.0562
2006	738.31	1.0417	347.97	1.0371
2007	814.39	1.1030	392.20	1.1271
2008	917.40	1.1265	464.79	1.1851
2009	1016.04	1.1075	501.52	1.0790
2010	1131.72	1.1139	587.30	1.1710
2011	1201.19	1.0614	655.30	1.1158
2012	1214.57	1.0111	864.86	1.3198
2013	926.90	0.7632	997.12	1.1529
2014	981.83	1.0593	1321.86	1.3257
2015	1065.43	1.0851	1772.59	1.3410
2016	1088.07	1.0212	1900.61	1.0722
2017	1114.12	1.0239	2076.99	1.0928
2018	1132.24	1.0163	2288.71	1.1019

注　数据来源于中国统计年鉴。

三、分析对比

由图 3.45 可知，贵州省灌溉面积整体处于缓慢上升的状态，根据灌溉面积的环比发展速度可以看出有一处较明显的变化，在 2012—2013 年期间有较明显的下降，减少的灌溉面积为 287.67hm²。在 1978—1984 年期间灌溉面积基本处于缓慢的下降状态；经过 2012—2013 年期间灌溉面积骤减后，2013—2018 年灌溉面积处于缓慢增长的状态。

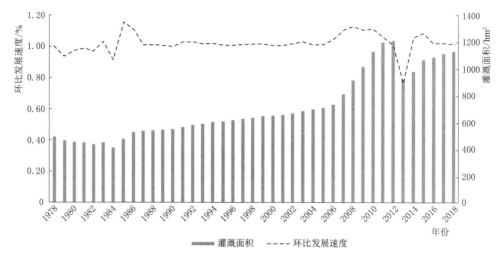

图 3.45　贵州省历年灌溉面积变化情况

由图 3.46 可知，贵州省农业总产值总体上处于增长的状态，根据农业总产值的环比发展速度可以看出，在 2013—2014 年、2014—2015 年期间农业总产值都有较明显的增长，分别增加了 324.74 亿元和 450.73 亿元。在 1978—1990 年期间农业总产值一直呈缓慢增长状态，且农业总产值均低于 100 亿元，之后直到 1997 年，农业总产值仍处于缓慢增长的过程；在 1997—2003 年期间农业总产值呈现缓慢的下降状态；在 2004—2018 年期间农业总产值基本处于较快的增长状态。

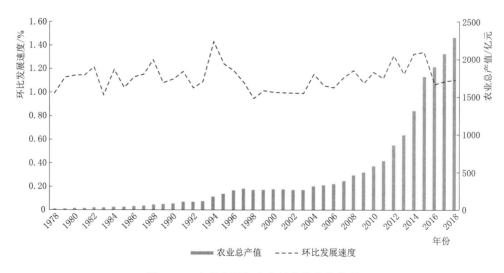

图 3.46　贵州省历年农业总产值变化情况

第二十四节 云 南 省

一、发展概况

云南省是典型的山地省份，中华人民共和国成立后，在党和政府的高度重视下，云南省农田水利工程建设取得巨大的成就。全省共建成塘坝 45729 座，引水沟渠工程 19 万处，机电井 2653 眼，取水泵站 12254 处，小水窖 300 万件，小型水库 5325 座，总库容 34.87 亿 m^3。有效灌溉面积 2343.1 万亩，节水灌溉面积为 790.04 万亩。占有效灌溉面积的 33.7%，占耕地面积的 12.6%。农田水利工程建设为保障全省人民生产生活用水、粮食安全、农业产业结构调整、农业综合生产能力的提高起到了举足轻重的作用，为全省经济以及社会发展、生态环境保护、抵御自然灾害、维护社会稳定做出了重要贡献，特别是山区小型抗旱水利工程的建设，极大地改善了当地的农业水利条件，在建设丰产、高效生产基地，促进山区农民增产增收、脱贫致富等方面发挥了积极作用。

中共十八大以来，云南农田水利建设迎来了新的机遇，在习近平总书记的"节水优先、空间均衡、系统治理、两手发力"治水思路的引领下，2013—2018 年云南省加快推进水网工程建设，城乡供水安全保障能力显著提升。累计完成水利投资 1962.3 亿元。滇中引水工程等 5 项重大水利工程和 49 座中型水库、180 座小型水库工程相继开工建设；麻栗坝、青山嘴、小中甸等 3 座大型水库、46 座中型水库、61 座小型水库建成投入运行；新增蓄水库容 12.15 亿 m^3，新增供水能力 18 亿 m^3；完成 13 座中型、251 座小型和 3990 座小型病险水库除险加固任务，实施 277 项重点中小河流河段治理，建成山区"五小水利"工程 240 万件，完成中低产田地改造 1647 万亩。五年间，云南省共新增农田有效灌溉面积 452 万亩，改善农田灌溉面积 600 多万亩，新增节水灌溉面积 448 万亩，全省有效灌溉面积达 2777 万亩。

二、各年灌溉面积、农业总产值及其环比发展速度的统计分析

将云南省 1978—2018 年历年的有效灌溉面积及农业总产值的数据进行整理，利用环比分析法分别计算出云南省灌溉面积、农业总产值及其环比发展速度，见表 3.24。

表 3.24　　　　　　　　云南省灌溉面积、农业总产值及其环比发展速度

年份	灌溉面积及其环比发展速度		农业总产值及其环比发展速度	
	灌溉面积/hm^2	环比发展速度/%	农业总产值/亿元	环比发展速度/%
1978	901.53	1.0000	30.35	1.0000
1979	909.93	1.0093	33.15	1.0923
1980	913.13	1.0035	34.82	1.0504
1981	918.80	1.0062	40.48	1.1626
1982	923.80	1.0054	44.96	1.1107
1983	958.53	1.0376	46.85	1.0420
1984	961.60	1.0032	55.31	1.1806
1985	964.93	1.0035	60.23	1.0890

续表

年份	灌溉面积及其环比发展速度		农业总产值及其环比发展速度	
	灌溉面积/hm²	环比发展速度/%	农业总产值/亿元	环比发展速度/%
1986	966.67	1.0018	61.73	1.0249
1987	973.13	1.0067	72.02	1.1667
1988	989.05	1.0164	86.75	1.2045
1989	1019.90	1.0312	96.08	1.1076
1990	1054.21	1.0336	138.03	1.4366
1991	1082.01	1.0264	147.17	1.0662
1992	1105.30	1.0215	163.93	1.1139
1993	1130.30	1.0226	179.39	1.0943
1994	1180.59	1.0445	228.99	1.2765
1995	1250.03	1.0588	299.48	1.3078
1996	1288.08	1.0304	369.36	1.2333
1997	1321.01	1.0256	397.09	1.0751
1998	1349.90	1.0219	381.26	0.9601
1999	1373.98	1.0178	395.00	1.0360
2000	1403.40	1.0214	416.36	1.0541
2001	1423.27	1.0142	431.31	1.0359
2002	1442.14	1.0133	445.35	1.0326
2003	1456.80	1.0102	433.91	0.9743
2004	1469.36	1.0086	516.92	1.1913
2005	1485.38	1.0109	559.32	1.0820
2006	1502.39	1.0115	610.30	1.0911
2007	1517.26	1.0099	705.13	1.1554
2008	1536.90	1.0129	786.35	1.1152
2009	1562.07	1.0164	843.38	1.0725
2010	1588.42	1.0169	915.05	1.0850
2011	1634.24	1.0288	1108.74	1.2117
2012	1677.90	1.0267	1374.39	1.2396
2013	1660.27	0.9895	1606.89	1.1692
2014	1708.97	1.0293	1765.43	1.0987
2015	1757.71	1.0285	1794.65	1.0166
2016	1809.39	1.0294	1888.83	1.0525
2017	1851.42	1.0232	1982.52	1.0496
2018	1898.07	1.0252	2234.74	1.1272

注　数据来源于中国统计年鉴。

三、分析对比

由图 3.47 可知，云南省灌溉面积整体呈现增长的状态，根据灌溉面积的环比发展速度可以看出灌溉面积增长的变动差别较大。将 1978—2018 年整个时期划分为两个阶段：一是 1978—1986 年期间灌溉面积的增长速度较为平缓；二是在 2001—2018 年期间灌溉面积的增长速度相对于之前较快，云南省的灌溉面积可能仍保持较快速度继续增长。

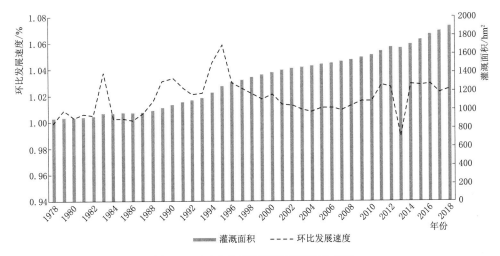

图 3.47　云南省历年灌溉面积变化情况

由图 3.48 可知，云南省农业总产值大体上处于增长的状态，而根据农业总产值的环比发展速度可以看出，农业总产值的变化速度变动较为频繁，在 2010—2013 年期间农业总产值每年均有较明显的增长，分别增加了 199.12 亿元、273.46 亿元和 241.22 亿元。在 1978—1997 年期间农业总产值一直呈缓慢增长状态，其中 1978—1989 年的农业总产值均低于 100 亿元；在 1998—2016 年期间农业总产值在 2004 年之前基本处于较缓慢的增长过程，在 2004 年之后，农业总产值一直处于较快的增长状态。

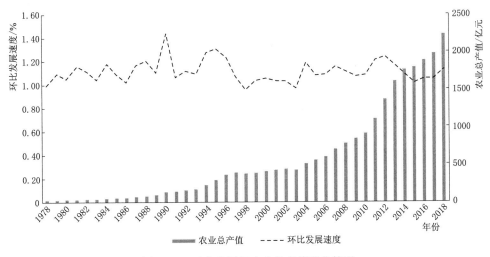

图 3.48　云南省历年农业总产值变化情况

第二十五节 西藏自治区

一、发展概况

西藏自治区受特殊的自然地理环境影响，虽然水资源十分丰富，但是由于降水时空分布不均，绝大部分区域都处于干旱半干旱地带，工程性缺水问题十分突出。西藏和平解放后。在党和国家的关怀下，西藏各级政府广泛组织、积极动员广大农牧民群众兴水利、除水害，在极度困难的条件下，以执著的精神和顽强的意志，建设了一大批农田水利基础设施，但限于当时的经济社会发展条件，水利工程数量少，标准低，基本没有较大规模的水利工程。全区万亩以上干渠仅有 23 条，库塘合计库容不到 5000 万 m^3，相当一部分县处于有水无电的状况，绝大多数农牧区群众处于饮水困难状况。

改革开放后，西藏自治区人民政府正式批准了《年楚河综合治理工程计划任务书》，拉开了雪域高原 30 年大规模治水帷幕。通过主河道裁弯取直，修筑堤防，开挖排洪沟。终于将这条横贯日喀则市和江孜、白朗、康马三县的雅鲁藏布江五大支流之一的年楚河山水归槽，免除了两岸群众水患之忧。同时，扩大耕地 1300 多 hm^2、宜林地 $2000hm^2$，治理涝渍地 $1333hm^2$，改善灌溉面积 $9333hm^2$，扩大灌溉面积 $533hm^2$，年楚河流域一跃成为西藏的"粮仓"。

进入 20 世纪 90 年代，西藏农田水利建设再次掀起一个新的发展高潮。1991—1995年"一江两河"综合开发共新建和扩建干支渠 66 条，新建和扩建配套水库 8 座，库容达到 1.63 亿 m^3，机井 40 处、提灌站 3 座，新建和改建防洪堤 233km，新建县级水电站 4座，项目区农业总产值比 1990 年增长 5016 万元，取得了显著的经济和社会效益。

进入新世纪，国家对西藏水利的投资幅度进一步加大，农田水利基础设施建设步伐明显加快。2016 年西藏自治区水利事业完成投资 73 亿元，新增和改善灌溉面积 77.5 万亩，解决和改善 42.39 万人用电问题，解决 4.9 万农村人口饮水安全问题，安排 6.27 万贫困人口转移就业，利用水利行业优势增加农牧民收入 4.23 亿元。2018 年，西藏自治区大力开展农田水利建设，加快灌区续建配套与现代化改造，推进小型农田水利设施达标提质，提高抗旱防洪除涝能力，全年新增和改善农田灌溉面积 42 万亩，新增和改善饲草料基地灌溉面积 7.4 万亩，建设高效节水灌溉面积 2.53 万亩，农田灌溉水有效利用系数达到 0.437，超额完成年度任务。落实投资 7 亿元，实施了 49 个县小型农田水利项目。

二、各年灌溉面积、农业总产值及其环比发展速度的统计分析

将西藏自治区 1978—2018 年历年的有效灌溉面积及农业总产值的数据进行整理，利用环比分析法分别计算出西藏自治区灌溉面积、农业总产值及其环比发展速度，见表 3.25。

三、分析对比

由图 3.49 可知，西藏自治区的灌溉面积总体上处于增长状态，根据灌溉面积的环比发展速度可知，灌溉面积有两个较明显的变化情况：一是在 1992—1993 年期间灌溉面积增长明显，增加了 $71.35hm^2$；二是在 1994—1995 年期间灌溉面积有明显下降趋势，减少了 $72.67hm^2$。在 1978—1984 年期间灌溉面积基本处于缓慢下降状态；在 1985—1992 年

表 3.25　　　　　　　西藏自治区灌溉面积、农业总产值及其环比发展速度

年份	灌溉面积及其环比发展速度		农业总产值及其环比发展速度	
	灌溉面积/hm²	环比发展速度/%	农业总产值/亿元	环比发展速度/%
1978	157.33	1.0000	1.56	1.0000
1979	152.80	0.9712	1.56	1.0000
1980	148.47	0.9717	2.67	1.7115
1981	145.80	0.9820	2.89	1.0824
1982	137.40	0.9424	3.34	1.1557
1983	121.00	0.8806	2.98	0.8922
1984	111.80	0.9240	4.03	1.3523
1985	133.33	1.1926	5.68	1.4094
1986	121.67	0.9125	4.38	0.7711
1987	129.40	1.0635	4.57	1.0434
1988	120.47	0.9310	5.97	1.3063
1989	120.80	1.0027	6.41	1.0737
1990	130.00	1.0762	9.81	1.5304
1991	135.33	1.0410	9.58	0.9766
1992	137.65	1.0171	10.11	1.0553
1993	209.00	1.5183	10.05	0.9941
1994	209.00	1.0000	13.13	1.3065
1995	136.33	0.6523	17.79	1.3549
1996	136.33	1.0000	19.22	1.0804
1997	136.33	1.0000	21.82	1.1353
1998	150.26	1.1022	22.43	1.0280
1999	136.70	0.9098	26.10	1.1636
2000	161.07	1.1783	26.36	1.0100
2001	161.07	1.0000	27.61	1.0474
2002	160.04	0.9936	29.08	1.0532
2003	156.66	0.9789	25.27	0.8690
2004	169.97	1.0850	26.56	1.0510
2005	171.00	1.0061	25.48	0.9593
2006	183.12	1.0709	35.23	1.3827
2007	203.04	1.1088	39.49	1.1209
2008	220.70	1.0870	43.70	1.1066
2009	235.15	1.0655	39.06	0.8938
2010	237.03	1.0080	46.10	1.1802
2011	245.31	1.0349	49.62	1.0764

续表

年份	灌溉面积及其环比发展速度		农业总产值及其环比发展速度	
	灌溉面积/hm²	环比发展速度/%	农业总产值/亿元	环比发展速度/%
2012	251.04	1.0234	53.39	1.0760
2013	239.27	0.9531	57.92	1.0848
2014	244.03	1.0199	63.26	1.0922
2015	247.80	1.0154	68.05	1.0757
2016	251.53	1.0151	52.23	0.7675
2017	261.23	1.0386	78.44	1.5018
2018	264.53	1.0126	88.08	1.1229

注　数据来源于中国统计年鉴。

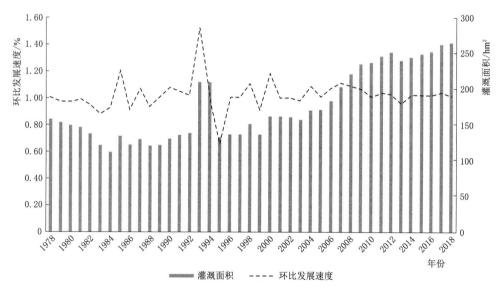

图 3.49　西藏自治区历年灌溉面积变化情况

期间灌溉面积一直维持在 120～140hm² 之间；在 1995—2018 年期间灌溉面积处于缓慢增长状态，基本都维持在 150～250hm² 之间。

由图 3.50 可知，西藏自治区农业总产值大体上处于增长的状态，根据农业总产值的环比发展速度可以看出，农业总产值的变化速度变动较为频繁，有较明显的变化：2005—2006 年、2009—2010 年期间农业总产值有较明显的增长，分别增加了 9.75 亿元和 7.04 亿元；2008—2009 年、2015—2016 年期间农业总产值有较明显的下降，分别减少了 4.64 亿元和 15.82 亿元。在 1978—2002 年期间农业总产值处于缓慢的增长状态，其中 1978—1991 年期间农业总产值低于 10 亿元；在 2002—2005 年期间农业总产值基本处于较缓慢的下降过程；在 2006—2015 年期间农业总产值基本处于较快的增长状态；在 2015—2016 年，西藏自治区的农业总产值骤减，之后两年农业总产值快速回升。

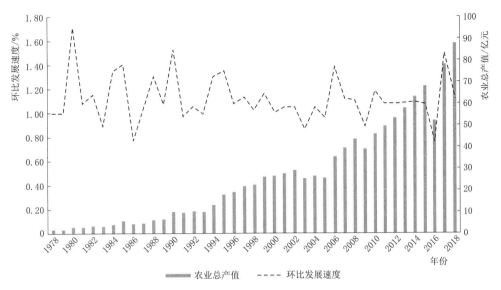

图 3.50 西藏自治区历年农业总产值变化情况

第二十六节 陕 西 省

一、发展概况

中华人民共和国成立之后，陕西省以农田水利为主的水利建设，带动全省水利事业进入了一个兴旺发达、突飞猛进的新时期，再创历史的辉煌。至 1995 年，全省共建成大、中、小相结合，引、蓄、提相配套的灌溉工程 17 万多处，灌溉面积达到 2194.27 万亩，占全省耕地面积的 40% 以上，为 1949 年前的 6 倍，其中由省、市管理 30 万亩以上大型灌区 11 处，灌溉面积 1036.49 万亩；1 万～30 万亩的中型灌区 148 处，灌溉面积 476.28 万亩。由乡集体和群众管理的万亩以下小型灌区 17 万多处，灌溉面积 681.5 万亩。

2016 年，陕西省全年完成水利投资 256.69 亿元创历史新高，为年度目标 100.7%，同比增加 4.8 个百分点，整合农田水利资金 50 多亿元，新修改造基本农田 52 万亩，新增和改善灌溉面积 120 万亩，新增高效节水灌溉面积 49.8 万亩。重点水利工程共完成投资 43.66 亿元，超额完成原计划 32.87 亿元的投资目标。2018 年，陕西省完成水利投资 302.59 亿元，较 2016 年增长了 45.9 亿元，增长了 17.8%。

二、各年灌溉面积、农业总产值及其环比发展速度的统计分析

将陕西省 1978—2018 年历年的有效灌溉面积及农业总产值的数据进行整理，利用环比分析法分别计算出陕西省灌溉面积、农业总产值及其环比发展速度，见表 3.26。

三、分析对比

由图 3.51 可知，陕西省的灌溉面积总体上处于先增长后下降的状态，根据灌溉面积的环比发展速度可知，灌溉面积有较明显的变化情况：在 1983—1984 年、1995—1996 年、2012—2013 年期间灌溉面积下降较明显，分别减少了 59.53hm²、52.92hm² 和 67.24hm²；1985—1986 年期间灌溉面积增长较明显，增加了 66.06hm²。在 1978—1981 年

表 3.26　　　　　　　　　陕西省灌溉面积、农业总产值及其环比发展速度

年份	灌溉面积及其环比发展速度		农业总产值及其环比发展速度	
	灌溉面积/hm²	环比发展速度/%	农业总产值/亿元	环比发展速度/%
1978	1212.47	1.0000	30.91	1.0000
1979	1237.87	1.0209	39.09	1.2646
1980	1248.13	1.0083	35.00	0.8954
1981	1249.40	1.0010	39.18	1.1194
1982	1247.27	0.9983	46.36	1.1833
1983	1239.00	0.9934	49.35	1.0645
1984	1179.47	0.9520	58.39	1.1832
1985	1179.07	0.9997	61.19	1.0480
1986	1245.13	1.0560	67.34	1.1005
1987	1259.13	1.0112	78.04	1.1589
1988	1237.81	0.9831	91.60	1.1738
1989	1247.39	1.0077	106.92	1.1672
1990	1262.84	1.0124	124.32	1.1627
1991	1283.07	1.0160	133.52	1.0740
1992	1303.19	1.0157	145.56	1.0902
1993	1319.71	1.0127	179.41	1.2326
1994	1325.86	1.0047	209.50	1.1677
1995	1340.30	1.0109	257.87	1.2309
1996	1287.38	0.9605	322.93	1.2523
1997	1293.29	1.0046	321.41	0.9953
1998	1302.56	1.0072	340.87	1.0605
1999	1310.95	1.0064	327.70	0.9614
2000	1310.95	1.0000	327.78	1.0002
2001	1314.95	1.0031	337.42	1.0294
2002	1314.73	0.9998	353.21	1.0468
2003	1298.80	0.9879	334.35	0.9466
2004	1302.85	1.0031	413.74	1.2374
2005	1308.81	1.0046	472.90	1.1430
2006	1306.18	0.9980	523.42	1.1068
2007	1301.95	0.9968	629.34	1.2024
2008	1301.40	0.9996	775.85	1.2328
2009	1293.34	0.9938	823.60	1.0615
2010	1284.87	0.9935	1107.20	1.3443
2011	1274.34	0.9918	1360.70	1.2290

续表

年份	灌溉面积及其环比发展速度		农业总产值及其环比发展速度	
	灌溉面积/hm²	环比发展速度/%	农业总产值/亿元	环比发展速度/%
2012	1277.18	1.0022	1526.28	1.1217
2013	1209.94	0.9474	1714.79	1.1235
2014	1226.49	1.0137	1870.78	1.0910
2015	1236.77	1.0084	1885.46	1.0078
2016	1251.39	1.0118	1997.81	1.0596
2017	1263.09	1.0093	2095.29	1.0488
2018	1274.99	1.0094	2244.96	1.0714

注 数据来源于中国统计年鉴。

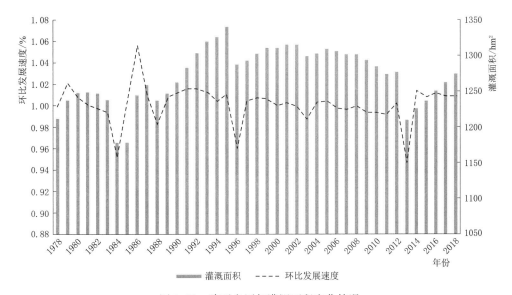

图 3.51　陕西省历年灌溉面积变化情况

期间灌溉面积一直在缓慢增长；在 1981—1985 年期间灌溉面积在缓慢下降并有一个骤减；1988—1995 年期间灌溉面积处于较快的增长状态；之后在 1996—2012 年期间，灌溉面积基本维持在 1270～1320hm² 之间；经过 2012—2013 年灌溉面积骤减后，在 2013—2018 年期间灌溉面积有一个缓慢匀速的增长过程。

由图 3.52 可知，陕西省农业总产值大体上处于增长的状态，根据农业总产值的环比发展速度可以看出，农业总产值的变化速度变动是较频繁的。在 1978—1998 年期间农业总产值基本呈现缓慢增长状态，其中 1978—1988 年的农业总产值均低于 100 亿元；在 1998—2003 年期间农业总产值基本处于缓慢下降状态；在 2004—2016 年期间农业总产值一直处于较快的增长状态，其中在 2009—2010 年期间每年均有较明显的增长，分别增加了 283.60 亿元和 253.50 亿元。

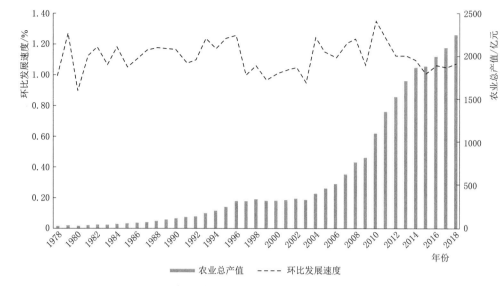

图 3.52　陕西省历年农业总产值变化情况

第二十七节　甘　肃　省

一、发展概况

甘肃省深居内陆，干旱少雨，十年九旱，自然条件严酷。历届省委、省政府把改善农业生产基本条件作为农业和农村经济工作的重点来抓，经过几十年艰苦不懈的努力，农业生产基本条件有了很大的改善。截至 2002 年年底，全省有效灌溉面积达到 1943 万亩；梯田面积达到 2530 万亩，占现有坡耕地面积的 54.7％以上；节水灌溉面积达到 1122 万亩，占现有灌溉面积的 57.8％以上；建成集雨水窖 253 万眼，发展集雨节灌面积 458 万亩，解决了 249 万农村人口的饮水困难。

2016 年，甘肃省全省水利固定资产投资首次突破两百亿元大关，完成投资近 230 亿元，比 2015 年增长 34％，超额完成了省确定的 205 亿元的目标任务。重大水利工程建设加快推进，全省新开工亿元以上水利项目 11 项，总投资规模 53.5 亿元。全省新发展高效节水灌溉面积 106 万亩，超额完成年初确定的 100 万亩建设任务。大型灌区续建配套稳步推进。2018 年，甘肃省在全省 13 个市 76 个县实施高效节水灌溉项目，全年发展高效节水灌溉面积 115.5 万亩，圆满完成水利部下达的 115 万亩任务。实施甘肃省景电、靖会、兴电、中堡、三电大砂沟、西津、白庙等 8 处泵站改造项目，以及景电大堵麻、梨园河、西浚、大满、东大河、洪临等 7 处大型灌区续建配套与节水改造量测水设施建设项目。

二、各年灌溉面积、农业总产值及其环比发展速度的统计分析

将甘肃省 1978—2018 年历年的有效灌溉面积及农业总产值的数据进行整理，利用环比分析法分别计算出甘肃省灌溉面积、农业总产值及其环比发展速度，见表 3.27。

表 3.27　　　　　　　　　甘肃省灌溉面积、农业总产值及其环比发展速度

年份	灌溉面积及其环比发展速度		农业总产值及其环比发展速度	
	灌溉面积/hm²	环比发展速度/%	农业总产值/亿元	环比发展速度/%
1978	852.73	1.0000	18.05	1.0000
1979	846.53	0.9927	18.46	1.0227
1980	853.53	1.0083	22.00	1.1918
1981	849.27	0.9950	22.33	1.0150
1982	846.93	0.9972	23.45	1.0502
1983	846.07	0.9990	31.12	1.3271
1984	847.33	1.0015	29.84	0.9589
1985	831.40	0.9812	34.71	1.1632
1986	825.80	0.9933	40.40	1.1639
1987	834.27	1.0103	45.09	1.1161
1988	887.69	1.0640	56.47	1.2524
1989	894.00	1.0071	60.40	1.0696
1990	910.11	1.0180	73.24	1.2126
1991	923.80	1.0150	76.32	1.0421
1992	947.50	1.0257	87.13	1.1416
1993	965.66	1.0192	99.14	1.1378
1994	987.80	1.0229	157.91	1.5928
1995	1010.18	1.0227	200.24	1.2681
1996	1034.13	1.0237	235.25	1.1748
1997	1053.94	1.0192	223.07	0.9482
1998	963.91	0.9146	252.55	1.1322
1999	1121.18	1.1632	242.70	0.9610
2000	1137.03	1.0141	238.97	0.9846
2001	1160.88	1.0210	253.99	1.0629
2002	988.27	0.8513	257.26	1.0129
2003	994.44	1.0062	275.82	1.0721
2004	1003.33	1.0089	331.37	1.2014
2005	1030.43	1.0270	362.89	1.0951
2006	1050.24	1.0192	395.84	1.0908
2007	1063.04	1.0122	458.73	1.1589
2008	1254.70	1.1803	503.73	1.0981
2009	1264.17	1.0075	550.56	1.0930
2010	1278.45	1.0113	628.88	1.1423
2011	1291.82	1.0105	688.56	1.0949

续表

年份	灌溉面积及其环比发展速度		农业总产值及其环比发展速度	
	灌溉面积/hm²	环比发展速度/%	农业总产值/亿元	环比发展速度/%
2012	1297.58	1.0045	772.98	1.1226
2013	1284.08	0.9896	853.79	1.1045
2014	1297.06	1.0101	897.79	1.0515
2015	1306.72	1.0074	951.15	1.0594
2016	1317.51	1.0083	985.73	1.0364
2017	1331.43	1.0106	1068.61	1.0841
2018	1337.54	1.0046	1166.10	1.0912

注 数据来源于中国统计年鉴。

三、分析对比

由图 3.53 可知，甘肃省灌溉面积整体是稳定且缓慢增长的状态，根据灌溉面积的环比发展速度可以看出有两处比较明显的变化：一是 1997—1998 年期间灌溉面积下降得较明显，减少了 90.03hm²；二是 1998—1999 年期间灌溉面积增长较明显，增加了 157.27hm²。在 1978—1986 年期间灌溉面积维持在 825～855hm² 之间；在 1987—1997 年期间灌溉面积一直在缓慢地增长；在 1999—2018 年期间灌溉面积仍基本处于缓慢增长状态。

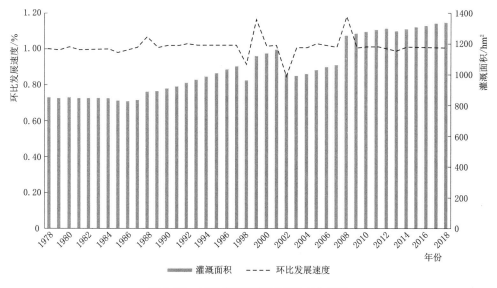

图 3.53 甘肃省历年灌溉面积变化情况

由图 3.54 可知，甘肃省农业总产值大体上处于增长趋势，根据农业总产值的环比发展速度可以看出，农业总产值的变化速度浮动一直都比较频繁，在 1999 年之前变动较大。在 1979—1998 年期间农业总产值基本呈缓慢增长状态，在 1978—1993 年期间，甘肃省的农业总产值均在 100 亿元以下；在 2000—2018 年期间，农业总产值在 2008 年之前均处于缓慢的增长状态，在 2008 年后，处于较快的增长状态。

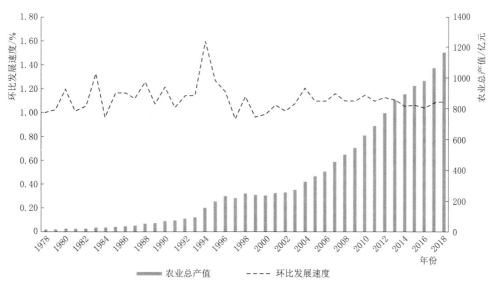

图 3.54　甘肃省历年农业总产值变化情况

第二十八节　青　海　省

一、发展概况

青海省地处青藏高原，境内河流纵横，湖泊众多，蕴藏着丰富的水利资源。在"十二五"期间，全省发展灌溉面积 391.93 万亩，97 处中型灌区、1552 处小型灌区实现渠道防渗 367.6 万亩，完成渠道衬砌 1.38 万 km，建成农田高效节水灌溉面积 63.84 万亩，农田灌溉水有效利用系数达到 0.489。农田水利建设得到了长足发展。

2017 年 2 月，青海省政府批准实施《青海省农田水利建设"十三五"规划》，文件指出，"十三五"期间，全省将大力开展灌区节水改造和续建配套、小农水项目县、高效节水灌溉、高标准基本农田整理、占补平衡、农业综合开发高标准农田建设、灌溉计量设施和灌区信息化等项目建设，全省将新增灌溉供水能力 3.02 亿 m³，新增有效灌溉面积 85 万亩，其中，农田有效灌溉面积 65 万亩，饲草料地有效灌溉面积 20 万亩；将发展高效节水灌溉面积 80 万亩，发展排涝面积 13.50 万亩。到"十三五"末，中小型灌区干、支渠的渠道衬砌率达到 100%，中型灌区田间工程配套率达到 80%，小型灌区田间工程配套率达到 75%，灌溉保证率达到 75%；新建和改造灌区的量水设施配套率达到 100%，农田灌溉水有效利用系数达到 0.50。

二、各年灌溉面积、农业总产值及其环比发展速度的统计分析

将青海省 1978—2018 年历年的有效灌溉面积及农业总产值的数据进行整理，利用环比分析法分别计算出青海省灌溉面积、农业总产值及其环比发展速度，见表 3.28。

表 3.28 **青海省灌溉面积、农业总产值及其环比发展速度**

年份	灌溉面积及其环比发展速度		农业总产值及其环比发展速度	
	灌溉面积/hm²	环比发展速度/%	农业总产值/亿元	环比发展速度/%
1978	153.47	1.0000	2.76	1.0000
1979	153.93	1.0030	2.89	1.0471
1980	159.60	1.0368	4.72	1.6332
1981	159.60	1.0000	4.03	0.8538
1982	158.73	0.9945	5.03	1.2481
1983	157.13	0.9899	5.26	1.0457
1984	158.80	1.0106	6.30	1.1977
1985	160.00	1.0076	6.20	0.9841
1986	163.67	1.0229	6.33	1.0210
1987	164.67	1.0061	7.03	1.1106
1988	208.96	1.2690	8.01	1.1394
1989	213.23	1.0204	9.64	1.2035
1990	217.14	1.0183	11.48	1.1909
1991	225.13	1.0368	11.56	1.0070
1992	232.07	1.0308	12.06	1.0433
1993	237.52	1.0235	15.18	1.2587
1994	240.19	1.0112	21.81	1.4368
1995	241.52	1.0055	26.55	1.2173
1996	243.32	1.0075	29.98	1.1292
1997	245.48	1.0089	30.62	1.0213
1998	187.43	0.7635	31.41	1.0258
1999	248.49	1.3258	29.30	0.9328
2000	249.22	1.0029	24.91	0.8502
2001	249.68	1.0018	28.90	1.1602
2002	193.50	0.7750	28.60	0.9896
2003	181.73	0.9392	29.74	1.0399
2004	180.30	0.9921	34.22	1.1506
2005	176.50	0.9789	36.44	1.0649
2006	176.32	0.9990	38.61	1.0595
2007	176.59	1.0015	49.16	1.2732
2008	251.70	1.4253	58.74	1.1949
2009	251.67	0.9999	61.31	1.0438
2010	251.67	1.0000	92.10	1.5022
2011	251.67	1.0000	102.91	1.1174

续表

年份	灌溉面积及其环比发展速度		农业总产值及其环比发展速度	
	灌溉面积/hm²	环比发展速度/%	农业总产值/亿元	环比发展速度/%
2012	251.67	1.0000	117.09	1.1378
2013	186.90	0.7426	138.35	1.1816
2014	182.49	0.9764	144.21	1.0424
2015	196.99	1.0795	145.00	1.0055
2016	202.35	1.0272	155.52	1.0726
2017	206.61	1.0211	162.38	1.0441
2018	214.04	1.0360	169.24	1.0422

注　数据来源于中国统计年鉴。

三、分析对比

由图 3.55 可知，青海省的灌溉面积总体上基本处于缓慢增长状态，根据灌溉面积的环比发展速度可知，灌溉面积有较明显的变化情况：在 1987—1988 年、1998—1999 年期间灌溉面积增长明显，灌溉面积分别增加了 44.29hm² 和 61.06hm²；在 1997—1998 年、2012—2013 年期间灌溉面积有明显下降趋势，减少了 58.05hm² 和 64.77hm²。在 1978—1987 年期间灌溉面积基本维持在 150～165hm² 之间；在 1988—1997 年期间灌溉面积一直在缓慢增长；在 1999—2012 年期间灌溉面积基本保持在 250hm² 左右；经过 2012—2013 年灌溉面积的骤减，从 2013—2018 年，灌溉面积基本在后面增长。

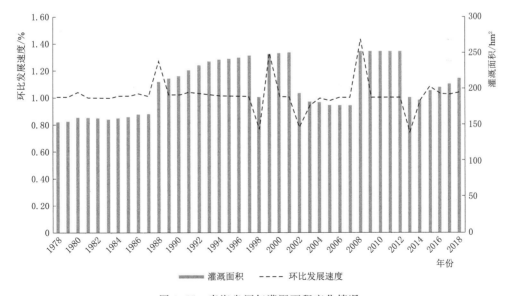

图 3.55　青海省历年灌溉面积变化情况

由图 3.56 可知，青海省农业总产值大体上处于增长趋势，根据农业总产值的环比发展速度可以看出，农业总产值的变化速度浮动较为频繁。在 1979—2006 年期间青海省的农业总产值均在 40 亿元以下，在 1998 年以前，一直处于较缓慢增长状态，在 1998—2006 年期间农业总产值先缓慢下降后又缓慢增长；在 2006—2018 年期间农业总产值一直处于较快的增长状态，且在 2009—2010 年、2012—2013 年，农业总产值的增长都较明显，分别增加了 30.79 亿元和 21.26 亿元。

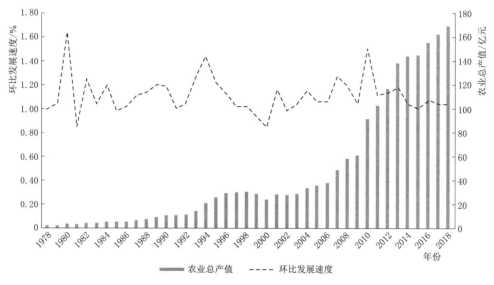

图 3.56　青海省历年农业总产值变化情况

第二十九节　宁夏回族自治区

一、发展概况

中华人民共和国成立后，党和政府非常重视农田水利建设，使宁夏的农田水利事业有了空前的发展。在"十二五"期间，宁夏回族自治区水利投资达 211.83 亿元，是"十一五"的 2.2 倍；其中中央投资 121.46 亿元，是"十一五"的 2.4 倍。期间新增防渗渠道5.7 万 km、节水灌溉面积 31 万 hm²、改造中低产田 19.8 万 hm²，建设高标准农田 17.93万 hm²，在中部干旱带发展高效节水补灌 10.33 万 hm²，启动实施银北百万亩盐碱地改良，综合实力明显成效，3.87 万 hm² 昔日盐碱滩变身"金银滩"，灌区实现了改革开放以来第一轮农田水利基本建设全覆盖。

2016 年，宁夏回族自治区全年共投入资金 38.7 亿元，新增高效节水灌溉面积 35.1万亩，改善灌溉面积 207 万亩，改造低产田 36.1 万亩，新增旱作基本农田 21.2 万亩，建设旱涝保收高标准农田 51.7 万亩，治理水土流失面积 871km²；对 249 个贫困村农村饮水安全工程进行配套改造，解决了 26.4 万人的自来水入户问题。2018 年，宁夏水利厅围绕引黄现代化生态灌区建设、高效节水灌溉、农村饮水安全、盐碱地改良、高标准农田建设等惠民工程建设，把农田水利基本建设与群众所盼所需、与特色产业发展、与生态环境建设、与土地集约化经营、与农业机械化发展、与实施科技创新统筹结合，"山水林田湖草"系统治理，"沟渠田林路庄"综合施策。全区累计投入农田水利基本建设资金 50 亿元，新增灌溉面积 4.13 万亩，恢复改善灌溉面积 206 万亩，建设高标准农田 96.8 万亩，新增节水灌溉面积 70.79 万亩，改造中低产田 36.1 万亩，治理盐碱地面积 28.38 万亩，全面超额完成了年度建设任务。

二、各年灌溉面积、农业总产值及其环比发展速度的统计分析

将宁夏回族自治区 1978—2018 年历年的有效灌溉面积及农业总产值的数据进行整理，利用环比分析法分别计算出宁夏回族自治区灌溉面积、农业总产值及其环比发展速度，见表 3.29。

表 3.29　　　　宁夏回族自治区灌溉面积、农业总产值及其环比发展速度

年份	灌溉面积及其环比发展速度		农业总产值及其环比发展速度	
	灌溉面积/hm²	环比发展速度/%	农业总产值/亿元	环比发展速度/%
1978	232.47	1.0000	3.79	1.0000
1979	234.00	1.0066	4.38	1.1557
1980	232.47	0.9935	5.29	1.2078
1981	228.13	0.9813	6.10	1.1531
1982	232.27	1.0181	6.32	1.0361
1983	233.47	1.0052	7.42	1.1741
1984	235.67	1.0094	8.54	1.1509
1985	238.47	1.0119	8.86	1.0375
1986	246.00	1.0316	10.59	1.1953
1987	253.00	1.0285	10.91	1.0302
1988	290.94	1.1500	13.61	1.2475
1989	297.84	1.0237	15.51	1.1396
1990	313.15	1.0514	17.51	1.1289
1991	320.45	1.0233	19.13	1.0925
1992	329.10	1.0270	20.06	1.0486
1993	335.50	1.0194	22.69	1.1311
1994	337.67	1.0065	31.55	1.3905
1995	343.87	1.0184	38.13	1.2086
1996	346.23	1.0069	48.61	1.2748
1997	353.51	1.0210	49.48	1.0179
1998	387.10	1.0950	53.99	1.0911
1999	394.41	1.0189	51.30	0.9502
2000	400.50	1.0154	46.99	0.9160
2001	397.29	0.9920	49.39	1.0511
2002	410.01	1.0320	52.90	1.0711
2003	411.71	1.0041	54.13	1.0233
2004	417.91	1.0151	71.30	1.3172

续表

年份	灌溉面积及其环比发展速度		农业总产值及其环比发展速度	
	灌溉面积/hm²	环比发展速度/%	农业总产值/亿元	环比发展速度/%
2005	444.03	1.0625	78.94	1.1072
2006	445.92	1.0043	90.55	1.1471
2007	449.46	1.0079	111.12	1.2272
2008	451.90	1.0054	131.14	1.1802
2009	453.55	1.0037	146.78	1.1193
2010	464.60	1.0244	195.10	1.3292
2011	477.59	1.0280	223.61	1.1461
2012	491.35	1.0288	240.46	1.0754
2013	498.56	1.0147	269.00	1.1187
2014	498.91	1.0007	273.96	1.0184
2015	506.53	1.0153	310.99	1.1352
2016	515.15	1.0170	299.71	0.9637
2017	511.45	0.9928	308.96	1.0309
2018	523.45	1.0235	344.63	1.1155

注　数据来源于中国统计年鉴。

三、分析对比

由图 3.57 可知，宁夏回族自治区的灌溉面积总体上处于增长状态，根据灌溉面积的环比发展速度可知，灌溉面积有较明显的变化情况：在 1987—1988 年、1997—1998 年期间灌溉面积增长较明显，分别增加了 37.94hm² 和 33.59hm²。在 1978—1987 年期间灌溉面积基本一直在增长，且 2006 年后灌溉面积的增长速度变动都不大。

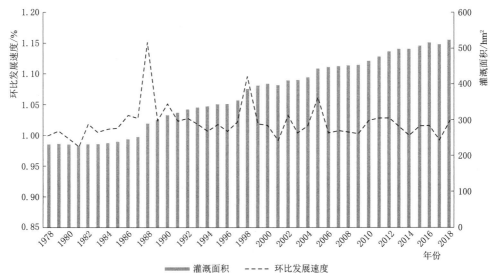

图 3.57　宁夏回族自治区历年灌溉面积变化情况

　　由图 3.58 可知，宁夏回族自治区农业总产值总体上处于增长趋势，根据农业总产值的环比发展速度可以看出，农业总产值的变化速度浮动较为频繁。在 1979—2006 年期间宁夏回族自治区的农业总产值均在 100 亿元以下，其中在 1998 年以前农业总产值处于较缓慢增长的状态，在 1998—2006 年期间农业总产值先缓慢下降后又缓慢增长；在 2006—2018 年期间农业总产值一直处于较快的增长状态，且在 2009—2010 年、2014—2015 年，农业总产值的增长都较明显，分别增加了 48.32 亿元和 37.03 亿元。

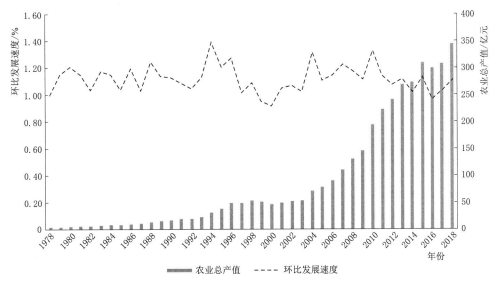

图 3.58　宁夏回族自治区历年农业总产值变化情况

第三十节　新疆维吾尔自治区

一、发展概况

　　新疆是典型的内陆干旱地区，年降水量少，蒸发量大。全区年平均降水 147mm，天然降水对农作物需水补给不多，农业生产主要依靠人工灌溉，平原盆地年蒸发量为 1600～2200mm，最高达 3000mm，干旱是新疆自然地理的基本特征。水利事业在国民经济和社会发展中占有突出地位，水利不仅是绿洲生态的命脉、农业的命脉，也是自治区整个国民经济的命脉。中华人民共和国成立以来，全疆各级党政、各族人民和广大水利工作者一道，以前所未有的艰苦努力，大大拓展了绿洲区域，创建了新疆有史以来最辉煌的水利业绩。2018 年，新疆地方系统灌溉面积 496.91 万 hm²，其中耕地灌溉面积 381.79 万 hm²，林地灌溉面积 61.06 万 hm²，园地灌溉面积 28.06 万 hm²，牧草地灌溉面积 26 万 hm²，新疆水利厅完成全疆农业高效节水工程、中型灌区节水配套改造项目、自治区小农水"最后一公里"项目投资共计 26.33 亿元。

二、各年灌溉面积、农业总产值及其环比发展速度的统计分析

　　将新疆维吾尔自治区 1978—2018 年历年的有效灌溉面积及农业总产值的数据进行整理，利用环比分析法分别计算出新疆灌溉面积、农业总产值及其环比发展速度，见表 3.30。

表 3.30　　　　新疆维吾尔自治区灌溉面积、农业总产值及其环比发展速度

年份	灌溉面积及其环比发展速度		农业总产值及其环比发展速度	
	灌溉面积/hm²	环比发展速度/%	农业总产值/亿元	环比发展速度/%
1978	2606.67	1.0000	14.25	1.0000
1979	2606.67	1.0000	15.16	1.0639
1980	2610.53	1.0015	16.42	1.0831
1981	2638.73	1.0108	26.38	1.6066
1982	2610.47	0.9893	29.31	1.1111
1983	2635.73	1.0097	32.67	1.1146
1984	2642.93	1.0027	38.24	1.1705
1985	2604.60	0.9855	42.95	1.1232
1986	2707.60	1.0395	49.28	1.1474
1987	2740.87	1.0123	56.70	1.1506
1988	2834.87	1.0343	75.81	1.3370
1989	2853.97	1.0067	84.07	1.1090
1990	2857.71	1.0013	110.47	1.3140
1991	2840.22	0.9939	124.54	1.1274
1992	2845.70	1.0019	131.21	1.0536
1993	2870.74	1.0088	146.82	1.1190
1994	2881.15	1.0036	233.78	1.5923
1995	2906.96	1.0090	315.01	1.3475
1996	2942.05	1.0121	334.07	1.0605
1997	2985.21	1.0147	373.86	1.1191
1998	2983.63	0.9995	387.36	1.0361
1999	3117.93	1.0450	340.90	0.8801
2000	3127.87	1.0032	360.54	1.0576
2001	3170.08	1.0135	348.84	0.9675
2002	3159.38	0.9966	362.77	1.0399
2003	3190.53	1.0099	482.76	1.3308
2004	3206.40	1.0050	515.00	1.0668
2005	3306.49	1.0312	595.85	1.1570
2006	3331.99	1.0077	656.74	1.1022
2007	3465.40	1.0400	767.00	1.1679
2008	3572.50	1.0309	784.19	1.0224
2009	3675.68	1.0289	898.62	1.1459
2010	3721.60	1.0125	1376.90	1.5322
2011	3884.57	1.0438	1437.89	1.0443

年份	灌溉面积及其环比发展速度		农业总产值及其环比发展速度	
	灌溉面积/hm²	环比发展速度/%	农业总产值/亿元	环比发展速度/%
2012	4029.07	1.0372	1675.00	1.1649
2013	4769.89	1.1839	1806.11	1.0783
2014	4831.89	1.0130	1955.11	1.0825
2015	4944.92	1.0234	2005.38	1.0257
2016	4982.03	1.0075	2163.11	1.0787
2017	4952.29	0.9940	2313.24	1.0694
2018	4883.46	0.9861	2541.16	1.0985

注　数据来源于中国统计年鉴。

三、分析对比

由图 3.59 可知，新疆维吾尔自治区灌溉面积整体是稳定且缓慢增长的状态，根据灌溉面积的环比发展速度可以看出，在 2012—2013 年期间灌溉面积增加较明显，增加了 740.82hm²。在 1978—1985 年期间灌溉面积基本保持在 2600hm² 上下；在 1986—2012 年期间灌溉面积基本处于缓慢地增长状态；在 2013—2016 年期间灌溉面积处于很缓慢地增长，之后两年存在缓慢下降趋势。

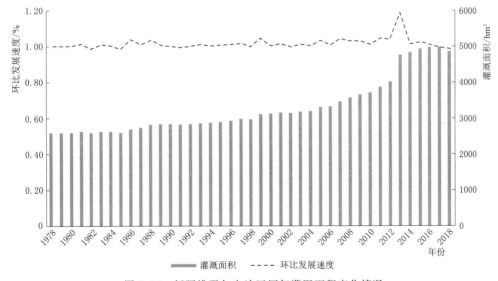

图 3.59　新疆维吾尔自治区历年灌溉面积变化情况

由图 3.60 可知，新疆维吾尔自治区农业总产值总体上处于增长趋势，根据农业总产值的环比发展速度可以看出，农业总产值的变化速度浮动较明显，其中在 2009—2010 年期间新疆农业总产值增长较明显，增加了 478.28 亿元。在 1978—1998 年期间新疆的农业总产值一直处于较缓慢增长的状态，其中在 1978—1989 年期间农业总产值均在 90 亿元以下；在 1998—2001 年期间农业总产值基本处于缓慢的下降状态；在 2002—2018 年期间农业总产值一直处于较快的增长状态。

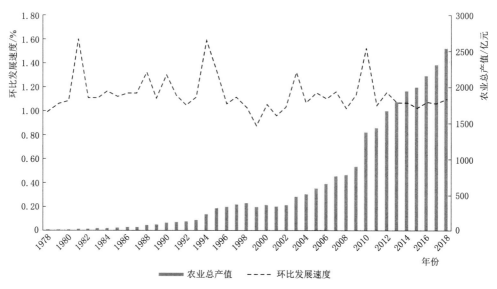

图 3.60　新疆维吾尔自治区历年农业总产值变化情况

第四章 农田水利建设成就及展望

农田水利工程作为促进农业发展的重要基础设施，对农业生产和农村经济的发展具有重要的作用，农田水利工程的建设是全面推动农业现代化发展的重要因素，也是社会主义新农村建设的基本保障，任何时候都应当受到人们的重视。作为世界上人口数量最多的国家，如何提高粮食产量以保证粮食安全显得极为重要。改革开放四十年来，农田水利基础设施建设全面加快，水利改革全面推进，农田水利建设成效显著。特别是党的十八大以来，坚持"节水优先、空间均衡、系统治理、两手发力"的治水思路和"确有需要、生态安全、可以持续"的重大水利工程建设原则，部署实施172项节水供水重大水利工程，推动现代水利设施网络建设迈上新的台阶。

一、农田水利建设成就显著

改革开放40年来，全国水库由75669座增加至98795座，水库总库容9963亿 m^3，新增库容6393亿 m^3，相当于16个三峡水库库容。全国堤防总长由13.0万 km 增加至30.6万 km，大中型灌区7700多处、小型农田水利工程2000多万处，灌排泵站42.4万座，排涝面积3.25亿亩，累计治理水土流失面积125.8万 km^2，全国粮食产量达到6214亿 kg。截至2018年，我国灌溉面积超过11亿亩，其中农田有效灌溉面积10.2亿亩，灌溉面积位居世界第一。灌区生产了占全国总量约75%的粮食和90%以上的经济作物。农田水利成为国家粮食安全保障的基石，为促进农业生产、抵御自然灾害和保障粮食安全提供了有力保障。

解决了农村饮水安全问题。我国已建成比较完整的农村供水体系，可服务9.4亿农村人口。党中央、国务院高度重视农村供水工程建设，将其列为水利建设的重要内容。截至2018年年底，全国共建成农村供水工程1100多万处，农村集中供水率达到86%，自来水普及率达到81%，供水保证程度和水质合格率均大幅提高，农村饮水安全问题基本得到解决。农村供水工程在提高农村居民生活质量、改善农村人居环境、增进民族团结等方面作用明显，极大促进了贫困地区农民脱贫增收和农村经济发展。

二、水资源节约保护不断加强

水资源开发利用控制、用水效率控制和水功能区限制纳污"三条红线"约束作用不断显现。大力推进农业和工业节水，以农业用水微增长，保障了我国粮食产量从1979年的6642亿斤增加到了2017年的12358亿斤，万元 GDP 用水量从20世纪80年代初的2909m^3 降至2017年的78m^3，万元工业增加值用水量从953m^3 降低到49m^3。启动全国水生态文明城市创建活动，开展105个水生态文明城市建设试点，节水型社会建设取得显著成效。水土流失综合治理面积与生态修复面积不断提高，黄河、黑河、塔里木河等流域生态环境明显改善，实现黄河干流连续18年不断流，黑河尾闾东居延海连续13年不干涸，引江济太、珠江调水压咸、引黄济淀等水资源调度成效显著。党的十八大以来，全国新增水土流失治理面积 27.38 万 km²，整治坡耕地 1980 万亩，建成生态清洁小流域 1400 多个，治理区群众生产生活条件和生态环境明显改善。

三、确保了国家粮食安全

1949 年美国政府白皮书就说"每个中国政府必须面临的第一个问题是解决人民的吃饭问题，并预测共产党解决不了吃饭问题"。20 世纪 90 年代美国专家布朗先生仍然提出"谁来养活中国人"。多年来，党和政府一直把粮食安全放到头等大事来抓，保证了国家粮食安全，中国人的饭碗牢牢端在自己手里，粮食安全的主动权牢牢掌控在自己手中。2017 年粮食总产量 62143 万 t，已经比布朗先生预测的时候增长了 1750 亿 kg。事实证明党和政府是有能力、有办法保障国家粮食安全。

四、农田水利改革创新不断深化

我国坚持"先建机制、后建工程"，统筹推进农业水价综合改革，截至 2018 年年底，全国农业水价综合改革实施面积超 1.6 亿亩。大力推进农田水利设施产权制度改革和运行管护机制创新，全国约一半农田水利设施以"两证一书"形式，明晰了产权，管护责任、主体和经费均得到落实。同时，结合灌区工程改造建设，大力推进标准化规范化管理，428 处大型灌区定性为公益性或准公益性事业单位，"两费"不同程度得到落实，灌排工程管理能力和服务水平得到较大提升。

农田水利基础设施建设投资多元化。改革开放至今，我国水利投资总量不断增加，农田水利基础设施建设投资在农业基本建设中投入比例较高，农田水利基础设施建设投资体制由单纯的依靠国家投资的模式转变为多元化、多层次化、多渠道投入的新格局。农田水利基础设施建设投资来源构成的突出特点是投资多元化特征日趋明显。国家投资比例下降，自筹资金、利用贷款和外资的比重上升。

随着我国对农田水利工程建设的资金与技术投入力度的加大，促使我国农田水利工程建设项目的规模不断扩大，经过改革开放 40 年来大规模的水利建设，我国已建成防洪、排涝、灌溉和供水体系，充分发挥农田水利工程效用，有效促进了农业生产的可持续发展。

新时期农田水利建设规划把全心全意为人民服务的宗旨提高到更高的位置。习近平总书记多次强调，要大兴农田水利，下决心补上农田水利方面的欠账。目前，我国的常规性农田水利建设已经取得一定成果，但仍存在水旱灾害防御薄弱环节、水资源保障能力不足、体制机制有待完善等问题。下一阶段，农田水利将积极践行节水优先、空间均衡、系统治理、两手发力的新时代治水思路，转变灌溉发展方式，加快灌区现代化建设，保障国家粮食安全和农产品有效供给，力争到 2030 年灌区基本实现现代化，灌溉面积发展达到 11.45 亿亩，灌溉用水量控制在 3730 亿 m³，节水灌溉面积达 8.5 亿亩，高效节水灌溉 5.7 亿亩。我们要在党中央的英明领导下，攻坚克难，扎实工作，全面提升农田水利基本建设水平，巩固和发展农业农村好形势，积极适应农村水利发展新形势、新要求，立足本职工作，全力践行全心全意为人民服务的宗旨，为农田水利建设再上新台阶做出更大贡献。

参 考 文 献

［1］ 高峻. 新中国治水事业的起步（1949—1957）［D］. 福州：福建师范大学，2003.

［2］ 李富强. 新中国农田水利建设研究（1949—1959）［D］. 湘潭：湘潭大学，2012.

［3］ 张艾平. 1949—1965 年河南农田水利评析［D］. 开封：河南大学，2007.

［4］ 桥梅. 五原县农田水利建设研究（1950—1978 年）［D］. 呼和浩特：内蒙古师范大学，2020.

［5］ 水利部农田水利司. 新中国农田水利史略：1949—1998［M］. 北京：中国水利水电出版社，1999.

［6］ 淮河水利委员会. 中国江河防洪丛书——淮河卷［M］. 北京：中国水利水电出版社，1996.

［7］ 洪庆余. 长江卷：中国江河防洪丛书［M］. 北京：中国水利水电出版社，1998.

［8］ 何璟涛. 洛阳地区农田水利建设研究（1950—1979）［D］. 桂林：广西师范大学，2020.

［9］ 石小星. 河北沙河县农田水利发展研究（1949—1990）［D］. 保定：河北大学，2016.

［10］ 刘建辉. 1960—1965 年农田水利建设调整研究［D］. 湘潭：湘潭大学，2013.

［11］ 孙海龙. 我国农田水利发展的现状及对策研究［D］. 淄博：山东理工大学，2013.